LES

TERRAINS TERTIAIRES

DE LA

RÉGION DELPHINO-PROVENÇALE

DU BASSIN DU RHONE

LYON. — IMPRIMERIE PITRAT AINÉ, RUE GENTIL, 4

LES

TERRAINS TERTIAIRES

DE LA

RÉGION DELPHINO-PROVENÇALE

DU BASSIN DU RHONE

PAR

F. FONTANNES

LYON	PARIS
H. GEORG, LIBRAIRE	F. SAVY, LIBRAIRE
65, RUE DE LA RÉPUBLIQUE	77, BOULEVARD SAINT-GERMAIN

1881

PREMIERE SÉRIE

LES

TERRAINS TERTIAIRES

DE LA

RÉGION DELPHINO-PROVENÇALE

DU BASSIN DU RHONE

INTRODUCTION

Considéré au point de vue des contrées qu'il traverse ou qu'il côtoye, le Rhône peut se subdiviser en quatre tronçons nettement limités qui sont, à partir de sa source :

1° Le *Rhône alpin*, 2° le *Rhône jurassien*, 3° le *Rhône dauphinois*, 4° le *Rhône provençal*.

Les deux premiers forment un groupe naturel, le *Rhône alpino-jurassien*, caractérisé par sa direction générale E.-O., par les montagnes calcaires et granitiques qui le dominent et lui imposent de nombreuses sinuosités; les deux derniers tronçons peuvent être réunis sous la désignation de *Rhône delphino-*

provençal, et se distinguent par leur direction N.-S. presque rectiligne, par les larges plaines qui s'ouvrent sur leur rive gauche.

Si l'on envisage les terrains au milieu desquels le fleuve a creusé son lit, on voit le Rhône, qui, à son origine, traverse les formations *cristallines*, s'engager bientôt dans les terrains *calcaires*, jurassiques et crétacés, puis les abandonner pour suivre les dépôts *sableux* ou *marneux* des temps tertiaires, qu'il sillonne depuis sa sortie des défilés du Bugey jusqu'au vaste delta par lequel il se jette dans le golfe du Lion.

C'est cette dernière partie de la région rhodanienne, partie qui s'étend entre Lyon et Marseille sur une longueur à vol d'oiseau de plus de 280 kilomètres, et ce sont plus particulièrement les plateaux qui appartiennent au Dauphiné et à la Provence, y compris le Comtat-Venaissin, que je me suis proposé d'analyser au double point de vue stratigraphique et paléontologique dans une série de monographies dont le but commun peut être résumé par ce titre général :

Les terrains tertiaires de la région delphino-provençale du bassin du Rhône.

Ce cadre, tout restreint qu'il paraît lorsqu'on considère l'ensemble des formations tertiaires du Sud-Est de la France, est déjà bien vaste, et je ne saurais me flatter que cette série de mémoires ne laisse plus à l'avenir aucun problème importa: t à résoudre. Bien au contraire, ainsi qu'il arrive toujours dans le domaine de l'histoire naturelle et en particulier dans celui des études géologiques, un examen plus attentif de ces masses minérales, dont on n'avait jusqu'ici que des descriptions sommaires, tout en permettant d'en mieux tracer les contours, d'en apprécier plus exactement les caractères si polymorphes, les origines si diverses, a fait surgir plusieurs questions d'un grand intérêt, dont la solution ne pourra être obtenue que par de nouvelles et patientes recherches. Je crois cependant que les éléments dus à celles que je poursuis sans relâche depuis plusieurs années, sont assez nombreux pour qu'il devienne utile et même nécessaire de grouper toutes les observations locales, de réunir en un faisceau, de coordonner toutes les notions recueillies dans le périmètre embrassé par ces études monographiques.

Ce périmètre, il importe de le délimiter exactement avant de définir les régions ou sous-bassins entre lesquels j'ai cru devoir le subdiviser, afin de procéder avec plus de méthode à son analyse stratigraphique.

Ainsi que je l'ai dit plus haut, les formations tertiaires qui s'étendent le long de la vallée du Rhône, depuis Lyon jusqu'à la Méditerranée, ont été divisées en deux régions distinctes par le soulèvement postmiocène qui a soudé, pour ainsi dire, par l'isthme crétacé de Montélimar, les dernières ramifications des Alpes aux contreforts du plateau central.

Ces deux régions forment, au milieu des masses calcaires et cristallines qui bordent la dépression rhodanienne, deux vastes triangles ayant leur sommet à Châteauneuf, au sud de Montélimar. L'un s'ouvre au nord où sa base est tracée par la rive gauche du Rhône jurassien ; l'autre s'évase rapidement au midi, où il n'a d'autre limite que le littoral méditerranéen. Tous deux ont approximativement la même hauteur, environ 140 kilomètres.

I

REGION DAUPHINOISE

La première région, qui comprend tous les bas-plateaux du Dauphiné, est limitée à l'ouest par le Rhône bordé sur sa rive droite par les terrains cristallins des départements du Rhône, de la Loire, de l'Ardèche, et côtoyant ensuite les formations secondaires qui, à partir des environs de Valence, entourent le plateau central d'une ceinture presque ininterrompue. Au nord la région des plateaux du Bas-Dauphiné est limitée par le Rhône qui fait à Lyon un angle presque droit et que dominent les berges tertiaires de la Bresse (Miribel, Montluel, Meximieux, etc.), et plus à l'est, jusqu'aux environs de Pont-de-Beauvoisin, par l'extrémité méridionale de la chaîne du Jura. Enfin le troisième côté du triangle est constitué par les montagnes de la Chartreuse, de l'Oisans, de Penet, de Raye, dont les pentes occidentales, parfois abruptes, obliquent sensiblement du nord-est au sud-ouest.

Cette première région se subdivise elle-même en trois massifs ou groupes de collines, séparés par de larges vallées transversales :

1º Un massif septentrional comprenant les plateaux d'Heyrieu, de Bourgoin, de la Tour-du-Pin, de la Côte-Saint-

André, d'Anjou, etc., limité au nord par la plaine de Meyzieu, au sud par celle de Beaurepaire.

2° Un massif central s'étendant depuis cette dernière jusqu'à la vallée de l'Isère qui le borde à l'est et au sud.

Ces deux premiers groupes constituaient à peu près le domaine du Viennois.

3° Un massif méridional qui s'élève peu à peu depuis la grande plaine de Valence et va s'appuyer au delà de la Drôme sur les montagnes crétacées qui dominent au nord le cirque de Montélimar.

Ce dernier groupe correspond approximativement à l'ancien Valentinois.

I. **Massif septentrional ou du Viennois septentrional.** — La constitution géologique de ce vaste plateau sillonné par la Bourbre, l'Ozon, la Gère, la Varaize, etc.. est étudiée dans une première monographie intitulée :

Le vallon de la Fuly et les sables à Buccins des environs d'Heyrieu.

Les principales localités qui y sont décrites, s'échelonnent sur une ligne perpendiculaire à la vallée du Rhône, partant des balmes viennoises (Saint-Fons, Feyzin, Sérézin, etc.) et aboutissant à Pont-de-Beauvoisin en passant par les gisements intéressants d'Heyrieu, de la Fuly (sables saumâtres à *Nassa Michaudi* et Auricules), par la Tour-du-Pin où les couches ligniteuses du miocène supérieur acquièrent un développement suffisant pour en permettre l'exploitation, par les stations fossilifères des environs d'Aoste, de Chimilin, de Corbelin, etc. (sables marins à *Nassa Michaudi*).

II. Massif central ou du Viennois méridional. — Les plateaux du Viennois méridional doivent leur principal intérêt à quelques localités dont la richesse fossilifère a depuis bien des années attiré l'attention des naturalistes, et qui, grâce à l'abondance de leurs débris organiques, étaient devenues typiques, sans que les rapports réciproques des diverses faunes qui s'y rencontrent eussent été suffisamment précisés. Je veux parler des sables à *Nassa Michaudi* de Tersanne, des marnes à lignite de Hauterives, des marnes à *Nassa semistriata* de la vallée de la Galaure (Fay-d'Albon, Sainte-Uze, etc.), des environs de Saint-Vallier (Creure, Ponsas, etc.).

L'étude de ces divers gisements, commencée dans la monographie précédente, est continuée dans trois fascicules intitulés:

1° *Note sur la présence de dépôts messiniens dans le Bas-Dauphiné septentrional.*

2° *Étude sur les faunes malacologiques des environs de Tersanne et de Hauterives (Drôme).*

3° *Note sur la position stratigraphique du groupe pliocène de Saint-Ariès dans le Bas-Dauphiné septentrional et particulièrement aux environs de Hauterives (Drôme).*

III. Massif méridional ou du Valentinois. — Si, antérieurement à mes recherches, on possédait déjà sur les terrains tertiaires du Viennois d'importantes notions dues aux travaux de MM. Lory, Jourdan, Fournet, Michaud, etc., on peut dire que l'étude des bas-plateaux du Valentinois était à peine ébauchée. Il n'y a cependant qu'à jeter un coup d'œil sur la monographie intitulée :

Le bassin de Crest pour comprendre quels documents pré-

cieux pour l'histoire de la période tertiaire renferme cette région si négligée jusqu'ici.

Les gisements de Crest, de Divajeu, d'Autichamp, de Fort-
les-Coquilles, de Grane, où la mollasse coquillière, riche en
débris organiques, repose sur d'importants dépôts oligocènes,
la station de Montvendre avec sa faune continentale à *Helix
Delphinensis, Unio flabellatus, U. Sayni, U. Capellinii*, etc.,
les environs de Chabeuil, d'Eurre, de Loriol, de Livron, avec
leurs puissantes marnes pliocènes à *Nassa semistriata* et
leurs faluns de rivage à *Cerithium vulgatum*, sont certainement appelés à devenir classiques et à fournir des types d'autant plus utiles que les relations stratigraphiques des diverses
assises y sont assez nettes pour ne laisser qu'une faible prise
à la controverse, — condition essentielle dont on n'avait pas
tenu suffisamment compte jusqu'ici, dans le choix des localités
sur lesquelles avait été basée la classification des terrains tertiaires du bassin du Rhône.

Ainsi, tout en prévoyant de nombreuses additions à l'ensemble actuel de nos connaissances, — surtout si les nouvelles recherches sont conduites avec cet esprit méthodique
que M. le professeur Hébert a introduit dans les études géologiques et dont je me suis constamment inspiré dans mes
travaux, — je crois qu'on peut tirer des monographies que je
viens d'énumérer des conclusions générales suffisamment précises sur les terrains tertiaires du Viennois et du Valentinois,
c'est-à-dire de la région dauphinoise de la vallée du Rhône.

II

RÉGION PROVENÇALE

Le golfe tertiaire qui a son sommet septentrional à Montélimar et sa base sur le littoral actuel de la Méditerranée, projette
son côté occidental jusqu'à Montpellier, son côté oriental jusque dans les environs de Draguignan. Le Rhône le divise dans
toute sa hauteur en deux parties : sur la rive droite le Bas-
Languedoc, sur la rive gauche le Comtat-Venaissin et la Basse-
Provence. Mais tandis que les terrains tertiaires ne jouent
qu'un rôle secondaire dans la géologie du Bas-Languedoc,
où la Craie inférieure forme d'importants massifs, ce sont
eux au contraire qui dominent dans la constitution des plaines
et des plateaux de la rive gauche du fleuve où le néocomien,
le grès vert n'apparaissent qu'à l'état d'îlots plus ou moins
importants, tels que ceux de Clansayes, d'Uchaux, des Baux,
du mont Luberon, etc.

Le cadre de ces monographies ne comprend encore de la
partie méridionale du bassin du Rhône, que la région située
sur la rive gauche du fleuve, c'est-à-dire le Comtat et la Basse-
Provence [1].

---

[1] J'ai cependant étudié les environs de Montpellier dans une note intitulée : *Sur
la découverte d'un gisement de marne à Limnées, à Celleneuve, près Montpellier.*

I. **Comtat-Venaissin**. — Sauf le massif turonien d'U-chaux, si bien étudié récemment par MM. Hébert et Toucas, et ses dépendances situées au nord du Lez, sauf quelques îlots de moindre étendue comme ceux de Vaison et d'Orange, le Comtat-Venaissin est presque exclusivement constitué par les terrains tertiaires supérieurs. Limité au nord par le massif crétacé de Dieu-le-fit qui s'avance jusqu'aux environs de Mon-télimar, à l'est par les montagnes de la Lance, des Baronnies, par le mont Ventoux, le mont Luberon, au sud par la Durance, à l'ouest par le Rhône, cette contrée peut se subdiviser en deux parties d'aspects assez divers.

1° Une partie septentrionale, le Haut-Comtat, compre-nant les plateaux tertiaires les plus importants, parmi les-quels on remarque le plateau de calcaire d'eau douce de Salles, de Réauville, les plateaux mollassiques de Saint-Paul-Trois-Châteaux, de Chantemerle, ceux de Visan et du Rasteau, isolés par la vallée de l'Eygues et constitués en grande partie par les sables et les marnes d'eau douce de la mollasse tortonienne.

2° Une partie méridionale, le Bas-Comtat, occupée en ma-jeure partie par les grandes plaines d'Orange, de Carpentras, de l'Isle, où, sous une vaste nappe d'alluvions caillouteuses, s'étendent les marnes pliocènes acquérant parfois une épaisseur considérable.

Le Comtat-Venaissin que les stations désormais classiques de Bollène, de Saint-Paul-Trois-Châteaux, de Montségur, de Visan, du Rasteau, etc., recommandent à l'attention des géolo-gues voués à l'étude des terrains tertiaires, est décrit dans deux monographies qui se complètent l'une l'autre.

Dans la première intitulée :

Les terrains tertiaires supérieurs du Haut Comtat-Venaissin, j'ai étudié plus particulièrement les marnes à *Nassa semistriata*, à *Pecten comitatus*, les faluns à *Cerithium vulgatum*, les couches à Congéries (groupe de Saint-Ariès) dans leurs rapports avec les formations miocènes soit marines, soit continentales (groupe de Visan).

La seconde qui a pour titre :

Le bassin de Visan, a principalement pour objet l'étude de la mollasse inférieure à Peignes et Échinides qui se relève contre la Craie encaissante, entourant et dominant le vaste hémicycle de Valréas.

Enfin une carte qui accompagnera prochainement cette série de mémoires, permettra de rattacher d'un coup d'œil aux diverses assises de cette intéressante contrée les formations tertiaires du Bas-Comtat, qui ne présentent d'ailleurs aucune particularité saillante.

II. **Basse-Provence.** — L'étude de cette région ne saurait être considérée comme achevée; cependant une monographie consacrée à la description et à la classification des terrains tertiaires qui s'étendent au pied des versants septentrional et méridional du mont Luberon, fait connaître aussi exactement que possible les rapports stratigraphiques et paléontologiques qui unissent le bassin tertiaire compris entre le mont Ventoux et la Durance avec celui du Comtat-Venaissin. Elle est intitulée :

Le plateau de Cucuron.

Les stations de Bonnieux, de Cucuron, de Cadenet, de Cabrières d'Aigues dont la faune était en partie connue, grâce aux travaux de MM. Dumortier, Matheron, Gaudry, Fischer et

Tournouër, etc., y sont plus spécialement soumises à de minutieuses analyses.

En résumé, si le bassin du Rhône, dans sa partie la plus
méridionale, offre encore de nombreux sujets d'étude, surtout
en ce qui concerne les terrains tertiaires inférieurs, les terrains néogènes de la région provençale sont dès à présent suffisamment connus, pour me permettre d'en rapporter les différentes assises aux termes de la classification générale que je
propose à la suite des monographies dont je viens de tracer
rapidement le cadre, et qui résume les conclusions stratigraphiques de chacune d'elles.

Quant aux nombreux documents paléontologiques fournis
par mes recherches dans la région delphino-provençale et dont
l'étude n'a pu trouver place dans ces mémoires, ils sont décrits et discutés soit dans une monographie spéciale intitulée :
Description de quelques espèces nouvelles ou peu connues,
soit dans un mémoire en cours de publication où sont décrits
et figurés tous les *Mollusques pliocènes de la vallée du Rhône
et du Roussillon* qui me sont connus jusqu'ici.

TERRAINS TERTIAIRES

Les terrains tertiaires de la partie du bassin du Rhône que j'ai comprise sous la dénomination de Région Delphino-Provençale, se divisent en trois grands groupes d'assises, très-nettement distincts par leurs caractères stratigraphiques et paléontologiques, par leur extension géographique. Ces groupes que j'ai désignés par les noms des localités où ils présentent soit leur plus complet développement, soit leur faciès le plus typique, sont en allant du plus ancien au plus récent :

1. *Le groupe d'Aix,*
2. *Le groupe de Visan,*
4. *Le groupe de Saint-Ariès.*

Ils se rattachent, dans leur ensemble, le premier au terrain oligocène, le second au terrain miocène, le troisième au terrain pliocène, ces grandes subdivisions étant comprises dans leur sens le plus classique et sans tenir compte des nombreuses di-

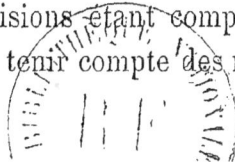

vergence qui se manifestent dans le classement des couches limitrophes.

Mais au-dessous des premières assises oligocènes, on trouve au contact des roches secondaires et complétement indépendants du substratum, des dépôts ou des traces de phénomènes qui se rattachent certainement aux terrains tertiaires et peuvent être rapportés, selon toute apparence, à l'époque qui a vu se former les *dépôts sidérolithiques*. Ce sont les *Sables et argiles bigarrés* qui, suivant la classification la plus généralement admise, appartiennent à l'étage éocène *(sensu stricto)*.

I

TERRAIN EOCÈNE (*s. s.*)

ÉTAGE BARTONIEN (?)

Sables et argiles bigarrés.

CARACTÈRES MINÉRALOGIQUES ET PALÉONTOLOGIQUES. — Les formations de cet étage se composent presque exclusivement de sables siliceux fins ou grossiers, et d'argiles prenant le plus souvent des couleurs très-vives, dues en grande partie à la présence de sels de fer. Le blanc le plus éclatant, l'ocre, le rouge sang, le rouge vineux, le violet se trouvent souvent juxtaposés sans aucune transition.

Au milieu des sables fins, désagrégés, s'étendent parfois des bancs brisés, ou plutôt des alignements d'énormes concrétions siliceuses de compositions diverses.

Sur quelques points, des argiles plastiques grises, tachetées de rouge ou de violet, alternent avec les sables et acquièrent une assez grande puissance.

Les roches crétacées qui supportent ces dépôts sont généralement plus ou moins altérées ou métamorphisées au contact.
Les calcaires néocomiens particulièrement, auxquels ce rôle
est dévolu sur de vastes espaces, sont cloisonnés de nombreux
filets d'oxyde de fer ; ce minerai remplit même parfois des cre-
vasses d'une certaine importance. Les imprégnations, les ag-
glutinations siliceuses sont aussi très fréquentes dans l'ensemble de cette formation et constituent un des caractères les plus
distinctifs de cette époque. Elles donnent lieu à des combinai-
sons très variées : grès siliceux, brèche siliceuse, jaspes de
couleurs diverses, calcaires siliceux moutonnés, zonés, etc.,
ainsi qu'on peut s'en rendre compte facilement, en étudiant
les éléments du conglomérat qui se trouve presque toujours à
la base de l'assise superposée.

J'admets, avec MM. Gras et Lory, que ces phénomènes sont
dûs à la précipitation de la silice et du fer en dissolution dans
des eaux thermales et acides, qui se faisaient jour à travers
les dislocations des calcaires crétacés et jaillissaient dans les
lacs où se déposaient les sables et les argiles. Quant à ces derniers auxquels on a parfois attribué une origine éruptive, je
crois que leurs éléments constitutifs sont dûs en très grande
partie à la désagrégation des roches granitiques.

Les sables et les argiles ne contiennent pas de fossiles ; sur
quelques points seulement on a constaté des traces de lignite,
mais les débris végétaux qui les composent n'ont pas pu être
étudiés. Quant aux calcaires plus ou moins siliceux qui, dans
un certain nombre de localités, couronnent cette formation
et dont le classement n'est pas encore définitif, ils renferment
le plus souvent des moules en mauvais état de coquilles d'eau
douce (Limnées, Planorbes, Paludines, etc.), dont aucune
n'a pu être spécifiquement déterminée.

La seule station fossilifère que j'aie découverte est située près de Nyons (Drôme), où l'on trouve d'abondantes Limnées et des Planorbes dans un banc de calcaire gris clair moucheté de vert, intercalé entre les sables bigarrés typiques et la mollasse.

EXTENSION GÉOGRAPHIQUE, ÉPAISSEUR, OROGRAPHIE. — Si l'on ne tient compte que des localités où s'observent aujourd'hui des dépôts de sables siliceux bigarrés ou d'argile plastique, on est tenté d'admettre que ceux-ci ont dû se former dans de petits lacs très-circonscrits ; mais il est probable que dans la plupart des régions où l'on ne peut aujourd'hui constater leur présence, ils ont été emportés ou remaniés sur place par les courants de la période suivante et incorporés dans leurs dépôts.

Quant aux émissions ferrugineuses et siliceuses, elles ont certainement embrassé dans le Sud-Est une aire très-étendue; car elles ont laissé des traces indéniables sur un grand nombre de points où l'on ne constate aucun dépôt de cette période. Elles se sont d'ailleurs perpétuées bien au-delà des limites assignées à cet étage, à en juger d'après les nombreuses concrétions siliceuses qui caractérisent certains bancs du calcaire aquitanien.

L'épaisseur des sables et argiles bigarrés est très variable. A Noyères près de Bollène, le puits le plus profond des diverses exploitations d'argile plastique est à plus de 50 mètres, dont 25 environ dans les sables superposés. A Saint-Paul-Trois-Châteaux, sous la chapelle Sainte-Juste, les sables, plus ou moins argileux, atteignent une soixantaine de mètres ; c'est la plus forte épaisseur que j'aie eu l'occasion de signaler jusqu'ici.

Au point de vue orographique, les formations de cet horizon ne jouent qu'un rôle très-effacé ; mais la vivacité extrême, la brusque opposition de leurs teintes donnent au paysage un caractère très particulier.

GISEMENTS TYPIQUES, MATÉRIAUX UTILES. — Les environs

DE LA RÉGION DELPHINO-PROVENÇALE 21

de Clansayes, de Saint-Paul-Trois-Châteaux, où les brèches, les grès siliceux servent depuis peu à la confection des meules, Noyères où l'argile plastique est largement exploitée pour la fabrication des briques, des tuyaux réfractaires ; on trouve quelques affleurements de cette argile, mais d'une qualité inférieure, près de Nyons et de la Garde-Adhémar. Les sables quartzeux purs sont utilisés dans les verreries. Le minerai de fer en grains a été exploité à Barriéres, à Barcelonne, etc. Le gisement du Canauc près de Cucuron est remarquable par ses belles concrétions siliceuses édudiées par M. Michel- Lévy.

CLASSIFICATION. — Les sables et argiles bigarrés jusqu'ici rattachés aux terrains dits sidérolithiques, peuvent être considérés comme les dépôts tertiaires les plus anciens de la vallée du Rhône. Dans le Dévoluy, M. Lory les a trouvés intercalés dans *un terrain nummulitique* et a émis l'hypothèse que ces formations marine et lacustre pouvaient bien être synchroniques. Ils sont en tous cas antérieurs aux couches à Palæotherium, Anoplotherium, etc., des environs d'Apt, d'Aix, qui, par leur faune, se placent sur l'horizon du Gypse de Paris et ont été classés dans l'étage ligurien, Mayer, ou sextien *sec.* Renevier.

Ces diverses considérations font donc remonter la formation des sables et argiles bigarrés jusqu'à l'étage bartonien ; mais leur âge ne saurait être définitivement établi par suite de l'absence de fossiles dans la plus grande partie de ces masses minérales, et du mauvais état de ceux qu'on rencontre dans les bancs calcaires de la partie supérieure.

II

GROUPE D'AIX

TERRAIN OLIGOCÈNE

Le groupe d'Aix ne comprend jusqu'ici que des formations continentales, lacustres ou fluviatiles ; dans les couches supérieures, et sur un petit nombre de points seulement, apparaissent quelques types saumâtres qui annoncent un nouvel affaissement du Sud-Est et son invasion prochaine par la mer miocène.

Quelques genres de Mollusques (Melanopsis, Potamides, Cyrena, etc.) corroborent les données déduites de l'étude de la flore par M. de Saporta sur les conditions climatériques de cette époque.

Les caractères minéralogiques et pétrographiques du groupe d'Aix sont très complexes; on peut cependant, d'après eux, subdiviser ce système en deux parties d'un développement inégal, assez indépendantes l'une de l'autre et qu'il est facile de distinguer sur le terrain. A la base, sur une grande épaisseur, des conglomérats, des argiles, des sables, des grès d'aspects très divers ; au sommet, des marnes et des calcaires de composition plus homogène. La première de ces subdivisions m'a paru représenter, dans la vallée du Rhône, les dépôts classés le plus généralement dans le Tongrien ; la seconde correspond assez exactement à l'Aquitanien de la plupart des auteurs.

I. — ÉTAGE TONGRIEN

SUBDIVISION ; CARACTÈRES MINÉRALOGIQUES ET PALÉONTOLO-GIQUES. — Cet étage, assez développé dans le Valentinois, se compose presque exclusivement de marne plus ou moins sableuse, micacée, de couleurs foncées, parfois rougeâtre à la base, ou jaunâtre par altération, passant accidentellement à un grès marneux et généralement dépourvue de fossiles ; quelques couches fossilifères intercalées dans la masse permettent de distinguer trois assises concordantes entre elles et qui ne sont, à proprement parler, que des faciès, phénomène très fréquent d'ailleurs dans les formations continentales :

1. *Marne sableuse à conglomérats et Calcaire à Cyrènes.*
2. *Marne argileuse et Grès à empreintes végétales.*
3. *Marne sableuse et Calcaire à Mélanies.*

1. *Marne sableuse à conglomérats et Calcaire à Cyrènes.* — Cette première assise se subdivise, au point de vue pétrographique, en deux zones très distinctes.

La première — *Marne sableuse à conglomérats* — comprend des couches de marne sableuse, de sable argileux, de grès fin, verdâtre, ocreux ou rougeâtre, alternant avec des bancs de conglomérats à éléments généralement siliceux. Ces éléments de structures, de compositions, de couleurs très variées, proviennent en grande partie de la dénudation des sables et argiles bigarrés.

Les fossiles recueillis à ce niveau sont tous remaniés des roches secondaires qui bordaient les bassins d'eau douce où se formaient ces dépôts.

La deuxième assise, — *Calcaire à Cyrènes* — est constituée par un banc de calcaire marneux, immédiatement superposé aux conglomérats dans les environs de Crest et très fossilifère. Certains lits sont couverts d'empreintes de Cyrènes de diverses tailles, appartenant peut-être à plusieurs espèces ; l'une d'elles m'a paru au moins très voisine du *Cyrena semistriata*, Desh. J'y ai recueilli en outre des moules d'Hélix et de Potamides, qui, par suite de leur mauvais état de conservation, ne sauraient malheureusement se prêter à une étude bien consciencieuse.

2. *Sable marneux et grès à empreintes végétales.* — Cette seconde assise qui se lie intimement aux marnes sableuses à conglomérats, lorsque le calcaire à Cyrènes fait défaut, mais qui s'en distingue facilement dans son ensemble par ses couleurs foncées, se compose de couches marno-sableuses, noirâtres, alternant irrégulièrement avec un grès peu compact, gris verdâtre, micacé, schistoïde. Les joints deviennent souvent partiellement rougeâtres par altération des sels de fer contenus dans la masse.

Sur ces feuillets gréseux, j'ai constaté la présence de nombreuses empreintes de débris végétaux accumulés et enchevrêtrés les uns dans les autres, et qui ne me paraissent guère susceptibles de déterminations spécifiques.

3° *Marne sableuse et calcaire à Mélania Crestensis.* — Des marnes sableuses, micacées, parfois feuilletées, généralement foncées, devenant parfois jaunâtres à la surface, et quelques couches de sable marneux, fin, noirâtre, qui ne sont que la continuation des dépôts marno-sableux sous-jacents, constituent cette assise qui renferme, près du sommet, dans les environs de Divajeu, un banc peu épais de calcaire marneux.

Les marnes et les sables ne m'ont offert aucune trace de

débris organiques, mais le banc calcaire qui mesure au maximum un mètre d'épaisseur, est pétri de Mélanies de petite taille.

J'en ai décrit et figuré deux espèces, dont l'une, le *Melania Crestensis* m'a paru se relier aux *Melania spina* et *muricata*, et l'autre, le *Melania Gueymardi* aux *Melania Mayeri* et *Nysti*, toutes espèces des terrains oligocènes de l'Allemagne centrale et du bassin du Nord.

EXTENSION GÉOGRAPHIQUE, ÉPAISSEUR, OROGRAPHIE. — Le Tongrien est assez développé dans le Valentinois méridional où il atteint une épaisseur de 150 à 200 mètres, dont 25-30 pour la première assise, 15 20 pour la seconde et 110-150 pour la troisième ; mais il s'amincit rapidement au nord de Crest. Je n'ai pas encore rencontré le calcaire à Cyrènes sur la rive droite de la Drôme ; le conglomérat siliceux disparaît aux environs de Vaunaveys. Quant aux marnes sableuses noirâtres, qui constituent la troisième assise, j'ai pu les suivre jusqu'au pied de la tour de Barcelonne qui marque à peu près la limite septentrionale de l'oligocène dans la vallée du Rhône, mais je n'y ai pas retrouvé le calcaire à Mélanies du ruisseau de Lambres.

Comprises entre les calcaires crétacés et ceux de l'étage suivant, les masses peu compactes du Tongrien valentinois se sont prêtées à la formation de dépressions qui s'étendent au pied des chaînes de Saou et de Raye, se rétrécissant et se comblant graduellement vers le nord, à mesure que la puissance de l'étage diminue. Large vallon arrosé par de nombreux ruisseaux, au midi de la Drôme, cette dépression se réduit à une combe étroite, souvent à moitié envahie par les éboulis, dans les environs de la Baume-Cornillanne. Les cultures dont elle est généralement couverte, grâce à la nature marno-sableuse du terrain, contrastent vivement soit avec les bois clair semés des montagnes crétacées, soit avec les crêtes arides du calcaire lacustre.

Cette même disposition orographique se retrouve à l'ouest du bassin de Crest, sur les flancs du massif néocomien de Marsanne, tandis qu'aux environs d'Autichamp, le Tongrien constitue en partie les pentes ravinées qui dominent au nord la grande plaine de Montélimar.

GISEMENTS TYPIQUES. — Barcelonne, la Baume-Cornillanne, Crest, Divajeu, Fort-les-Coquilles, les Maleyres près de Grane.

CLASSIFICATION. — La faune de cet étage n'a jamais été étudiée avec soin dans le Sud-Est, et les documents paléontologiques que j'ai réussi à recueillir, tout en fournissant des données nouvelles et intéressantes, sont insuffisants pour permettre des rapprochements fauniques d'une grande valeur. Cependant certaines considérations longuement développées dans l'Étude VI (1) m'ont engagé à regarder cet ensemble comme représentant dans le Bas-Dauphiné l'étage tongrien *in* Mayer ou stampien *in* Renevier.

Les marnes sableuses et les grès subordonnés se trouvent ainsi sur le niveau des *grès sablonneux sans fossiles* des environs d'Aix, qui, pour M. Matheron, sont homotaxiques des *grès de Fontainebleau.* Quant au calcaire marneux à Cyrènes et aux couches à empreintes végétales, ils sont trop intimement liés aux dépôts superposés, pour qu'on puisse les classer dans un étage différent. Les assises qui probablement les représentent dans les Bouches-du-Rhône, suivent d'ailleurs immédiatement les couches à Palæotherium de Gargas, comprises expressément par M. Mayer dans son étage ligurien.

(1) *Crest*, p. 81.

Ce classement s'appuie en outre sur la présence d'une Cyrène appartenant au groupe du *Cyrena semistriata*, si même elle ne peut lui être assimilée. Cette espèce, on le sait, est l'un des fossiles les plus caractéristiques de l'oligocène, qui, pour beaucoup d'auteurs et particulièrement en Allemagne, comprend les étages aquitanien et tongrien.

II. — ÉTAGE AQUITANIEN

CARACTÈRES MINÉRALOGIQUES ET PALÉONTOLOGIQUES. — La nature pétrographique de cet étage le distingue nettement de celui qui précède. Tandis que le Tongrien ne comprend que de rares bancs calcaires intercalés dans une masse puissante de marne sableuse, le calcaire constitue presque exclusivement tous les dépôts que je rapporte à l'Aquitanien. Ce sont des bancs généralement compactes, d'un grain souvent très fin, donnant au choc du marteau une légère odeur fétide, qui alternent irrégulièrement avec des couches plus marneuses, parfois rougeâtres vers la base de l'étage, et renferment sur de nombreux points d'abondantes concrétions siliceuses, de formes, de dimensions très capricieuses. Ces concrétions, dues à la précipitation de la silice dans les eaux lacustres, présentent souvent des empreintes de fossiles.

Sur quelques points du Bas-Dauphiné, des bandes de sable siliceux ou de marne argileuse aux couleurs vives (blanc, jaune, rouge) viennent s'intercaler entre les marnes sableuses foncées du Tongrien et le calcaire aquitanien. Vu l'absence de fossiles et leur parfaite concordance avec les assises superposées et sous-jacentes, il est difficile de décider à quel étage ces dépôts adventifs doivent appartenir; il est probable cependant, d'après certaines analogies, qu'ils doivent être rattachés aux calcaires qu'ils supportent.

Les caractères paléontologiques de cet étage n'avaient encore été étudiés ni dans le Comtat, ni dans le Dauphiné, lorsque je publiai mon Étude sur le bassin de Crest; nos connaissances se bornent donc pour le moment aux données que renferme cette monographie. Toutefois, il est probable que la faune des calcaires lacustres du village de Vaucluse, décrite par M. Matheron, appartient à une période au moins très rapprochée.

Dans le Comtat et le Dauphiné j'ai recueilli les espèces suivantes qui caractérisent soit des zones voisines, soit des faciès différents du calcaire aquitanieu.

Potamides Granensis, Font., c.
Melanopsis Hericarti, Font., c.
Helix Ramondi, Brongn., r.
Limnæa Vocontia, Font., c.
 — *pachygaster*, Thom., r.
 — *cœnobii*, Font., r.
Planorbis Huguenini, Font., c.
 — *cornu*, Brongn., c.
? *Paludina Soricinensis*, Noulet, var., r.
Unio sp. ?, r.

Dans les bancs siliceux où pullule le *Potamides Granensis*, soit à Grane, soit dans les environs de Réauville où je viens de le retrouver, je n'ai pu constater la présence d'aucun autre fossile. Les couches tourbeuses qui, à la Baume-Cornillanne, se trouvent au sommet de l'étage, ne m'ont offert de déterminable que le *Melanopsis Hericarti*. L'*Helix Ramondi* ne se rencontre pas à Divajeu, à Auriples, dans les mêmes bancs que le *Limnæa Vocontia* et le *Planorbis Huguenini*. Ces diverses espèces doivent donc être considérées comme caractérisant l'ensemble de l'étage, en attendant que de nouvelles recherches précisent le niveau de chacune d'elles.

EXTENSION GÉOGRAPHIQUE, ÉPAISSEUR, OROGRAPHIE. — Dans la vallée du Rhône, le calcaire aquitanien apparaît un peu au nord de Barcelonne sur une faible épaisseur ; à partir de là il forme une crête parfois aiguë qu'on peut suivre au sud de la Drôme jusqu'à Auriples. Près de ce village, sa direction et son allure changent assez brusquement ; ses assises très inclinées au pied des montagnes de Raye et de Saou deviennent horizontales et se dirigent vers l'ouest. Au sud d'Autichamp, elles forment un vaste plateau calcaire faiblement incliné vers le centre du bassin tertiaire de Crest, et couronnent d'une corniche abrupte les collines crétacées situées entre Marsanne et Roynac ; mais elles ne tardent pas à se relever de nouveau contre le massif néocomien de Loriol dont elles recouvrent la base orientale jusqu'à Grane. Sa puissance maximum dans cette région atteint environ 70 à 80 mètres.

De faibles lambeaux du calcaire aquitanien se retrouvent à l'ouest de la plaine de Montélimar, reliant ainsi le bassin de Crest au vaste plateau de Salles, de Réauville, à l'îlot de la Garde-Adhémar, qui plongent sous la mollasse helvétienne au nord du bassin de Visan.

Ce même étage est très développé dans Vaucluse, au pied des montagnes de Gigondas, Vacqueyras, Beaumes, le Barroux, Malaucène, dans les environs de Pernes, de Vaucluse, et enfin sur le versant septentrional du Mont Luberon (Bonnieux, Apt, etc.), où il se relie par des lambeaux plus ou moins importants aux dépôts équivalents des Basses-Alpes et des Bouches-du-Rhône.

C'est la formation du groupe d'Aix qui présente la plus grande extension ; elle manque cependant, dans les limites que je viens de tracer, sur un grand nombre de points où le miocène marin repose directement soit sur les roches secondaires, soit sur les sables et argiles bigarrés. C'est en particulier le cas pour le bassin de Visan depuis les environs de Saint-Paul-Trois-Châteaux jusqu'à la latitude d'Orange.

GISEMENTS TYPIQUES, MATÉRIAUX UTILES. — Les gisements principaux que j'ai eu à citer jusqu'ici sont : dans la Drôme, la Baume-Cornillanne (calcaire et tourbe à *Mel Hericarti),* Crest, Divajeu (calcaires à *H. Ramondi,* à *Limnæa Vocontia),* Roche- sur-Grane, Valaurie (calcaire siliceux à *Potamides Granensis),* Réauville (calcaire à *Limnæa cœnobii*), la Garde-Adhémar (calcaire à *Limnæa pachygaster* var.); — dans Vaucluse, Apt, Bonnieux, la gorge de Lourmarin ; — dans les Bouches-du-Rhône, les environs de Rognes.

Dans quelques-unes de ces localités on trouve à divers niveaux de faibles couches de lignite qui ont donné lieu à quelques recherches (Auriples, etc.), mais qui sont insuffisantes pour alimenter une exploitation régulière. Il en est de même le plus souvent du gypse qu'on rencontre vers la base de l'étage, et dont le développement n'acquiert une valeur industrielle que dans les environs de Malaucène (Vaucluse).

Plusieurs sources minérales (salines) se font jour à travers les marnes et les calcaires de cette formation et ont déterminé l'établissement de stations thermales (Gigondas, |Vacqueyras, Beaumes, etc.)

CLASSIFICATION. — Les calcaires lacustres et saumâtres de la Drôme et de Vaucluse correspondent très probablement aux dépôts de même nature du bassin d'Aix, parallélisés par M. Matheron avec le calcaire à *Helix Ramondi* de la Beauce, de l'Orléanais, avec les argiles et meulières à *Potamides Lamarcki* du bassin de Paris ; ils appartiennent donc à l'Aquitanien tel que l'entend M. Mayer. Malheureusement les documents paléontologiques à citer à l'appui de ce classement sont

encore bien peu nombreux, la plupart des espèces recueillies
jusqu'ici étant nouvelles; il convient d'ajouter cependant que
leurs affinités ne sont nullement en désaccord avec la place systématique assignée ici au calcaire lacustre (Sextien, *pars*) de
la région delphino-provençale.

III

TERRAIN MIOCÈNE

Le groupe de Visan est complètement indépendant du groupe d'Aix, dont il se distingue par un extension géographique beaucoup plus vaste, ainsi que par l'origine marine de la grande majorité de ses assises. Il correspond exactement au terrain miocène de la plupart des auteurs qui ont étudié le bassin méditerranéen et se subdivise en trois étages :

1. le Langhien ;
2. l'Helvétien;
3. le Tortonien.

L'existence du premier est au moins très douteuse dans la région delphino-provençale.

Le second, qui présente au contraire un très grand développement, ne comprend, à l'exception de quelques rares dépôts accidentels, que des sédiments marins.

Le troisième est exclusivement composé de formations continentales.

I. — ÉTAGE LANGHIEN

MIOCÈNE INFÉRIEUR

L'étage langhien dont Saucats et Léognan offrent en France les gisements marins les plus typiques, manque dans toute la

région qui nous occupe ici, à moins qu'on ne puisse lui attri-
buer les marnes grises sans fossiles qui, dans le sud du bassin
de Crest, précèdent les premières couches de l'Helvétien. Ce dépôt accidentel qui ne dépasse pas une quinzaine de mètres, se
rattacherait alors aux marnes grises qui, dans le midi de la
France et notamment dans l'Hérault, séparent le calcaire aquitanien de la mollasse sableuse à *Pecten Tournali*. Mais l'absence de tout document paléontologique, la localisation de
cette assise m'engagent à n'admettre ce rapprochement que
sous toutes réserves. Je serais plutôt disposé à considérer pro-
visoirement les *Marnes grises d'Autichamp* comme représentant un faciès local des premiers dépôts helvétiens du Valentinois.

Il est d'ailleurs à remarquer que cette lacune est notablement
atténuée, au point de vue paléontologique, par un certain
nombre d'espèces qui se rencontrent à la fois dans le Langhien
du bassin de Bordeaux et dans les premières assises de l'Helvétien delphino-provençal. La base de cette formation, dans
cette dernière contrée, semble donc constituer une sorte de
variation de passage entre les types des deux étages.

II. — ÉTAGE HELVÉTIEN

MIOCÈNE MOYEN

L'Helvétien, la plus importante des formations tertiaires
du bassin du Rhône, comprend quatre assises d'un développement très inégal, qui dans toutes les régions où les conditions
de dépôt ont été les mêmes, se succèdent avec une parfaite
régularité et présentent, une seule exceptée, des caractères
remarquablement constants.

Ces quatre assises sont à partir de la base :

1. Mollasse à *Pecten præscabriusculus*.
2. Sables et grès marneux à *Ostrea crassissima*.
3. Sables et grès à *Pecten Gentoni*.
4. Sables et marnes *Ancillaria glandiformis*.

1. — Mollasse à *Pecten præscabriusculus*

SUBDIVISION, CARACTÈRES MINÉRALOGIQUES ET PALÉONTOLOGI-
QUES. — Cette assise, la seule à laquelle j'aie maintenu le nom
de *Mollasse*, appliqué indistinctement jusqu'ici à tous les dépôts néogènes du Sud-Est, se subdivise elle-même en trois
zones bien distinctes, dans les localités typiques, au double
point de vue pétrographique et paléontologique.

    a. Mollasse sableuse à Conglomérat et à *Pecten Davidi*.
    b. Mollasse marneuse à *Pecten subbenedictus*.
    c. Mollasse calcaire à *Pecten sub-Holgeri*.

a. La première est essentiellement composée d'un grès quartzeux très friable à ciment marneux, jaunâtre, plus ou moins
grossier; elle englobe à sa base, et particulièrement sur les
points où l'oligocène fait défaut, un conglomérat parfois assez
épais, formé par de nombreux galets de silex blond ou brun,
à surface verdâtre et chagrinée, mêlés en proportion variable,
suivant les rivages, avec des galets calcaires souvent perforés
par les Mollusques lithodomes.

Ce conglomérat, dont les éléments siliceux proviennent en
grande partie de la dénudation des sables et argiles bigarrés,
caractérise donc, non pas une zone, mais un faciès littoral.

Les sables mollassiques superposés sont généralement
assez riches en débris organiques : *Ostrea*, *Anomia*, *Pecten*,
Échinodermes, Bryozoaires, Polypiers, Spongiaires, mais on

y constate l'absence ou du moins l'extrême rareté des Mollusques dimyaires aussi bien qu3 des Gastéropodes, phénomène
qui se reproduit souvent et sur une immense étendue, à la
base de l'étage helvétien (Aquitaine, Autriche, Perse, etc.).

Voici les espèces les plus caractéristiques de cette première
zone :

Dents de Squalides, *c.*

Balanes, *cc.*

Ostrea squarrosa, Serres, *r.*

— *caudata*, Münst, *c.*

— *Granensis*, Font., *c.*

Anomia costata, Brocchi, *c.*

Pecten Tournali, de Serres, *r.*

— *rotundatus*, Lam;, var., *c.*

— *Davidi*, Font., *ac.*

— *substriatus*, d'Orb., *cc.*

— *Justianus*, Font., *c.*

— *præscabriusculus*, F., *r.*

— *pavonaceus*, Font., *r.*

Pecten ventilabrum, Goldf., *ac.*

Hinnites Defrancei, Michel., *r.*

Lima squamosa, Lam., *ac.*

Terebratula grandis, Blum., *r.*

Bryozoaires *(Retepora, Cellepora,*

Nullipora, etc.*)*, *cc.*

Echinolampas scutiformis, L., *c.*

Scutella Paulensis, Ag., *cc.*

Cidaris Avenionensis, Desm., *c.*

Antedon Rhodanicus, Font., *r.*

— *Meneghinii*, Font., *rr.*

Polytrema lyncurium, Lam., *c.*

— *simplex*, Michel., *c.*

Dans le midi du bassin du Rhône, la mollasse sableuse est
généralement représentée par un sable plus fin, plus marneux,
peu fossilifère ; on n'y trouve parfois que des valves d'Ano -
mies, d'où le nom de *Sables à Anomies* employé par quelques
auteurs pour désigner cet horizon.

b. Cette première zone passe assez brusquement, le plus
souvent, à la mollasse marneuse à *Pecten subbenedictus*, dont
les principaux caractères présentent une grande constance
dans toute l'étendue du bassin du Rhône. C'est une roche
moins complexe, où les grains quartzeux, les débris de coquilles se raréfient de plus en plus, tandis que le ciment marneux
tend au contraire à dominer ; ce sont en somme les mêmes
éléments que dans l'assise précédente, mais dans des propor-

tions bien différentes. Sur certains points même, la mollasse passe à une marne compacte.

Les fossiles sont très communs dans cette zone, mais sauf les Huîtres et les Peignes, les Mollusques ne sont guère représentés que par des moules internes ; un petit nombre d'exemplaires seulement montrent encore quelques détails de la surface externe.

Malgré l'incertitude de plusieurs déterminations, la liste suivante peut donner une idée assez exacte de la faune de cet horizon.

CÉPHALOPODES

Nautilus Aturi, Basterot, *rr*.

GASTÉROPODES

Murex cf. Aquitanicus, Grat., *r*.
Fasciolaria Tarbelliana, Gr., *ar*.
Ficula condita, Brongn., *cc*.
— *Burdigalensis*, Sow., *r*.
Pirula rusticula, Bast., *r*.
Cassis variabilis, B. et M., *r*.
? *Conus canaliculatus*, Br., *r*.
? *Pleurotoma cataphracta*, B., *r*.
— *ramosa*, Bast., *r*.

Pleurotoma asperulata, Lam., *r*.
Natica Josephinia, Risso, *rr*.
? *Turritella Rhodanica*, Font., *a*.
— *terebralis*, Lam., *rr*.
— *bicarinata*, Eichw., *c*.
— *turris*, Bast., *r*.
— *Valriacensis*, F., *rr*.
Rotella mandarinus, F. et T., *rr*.
? *Dentalium badense*, Partsch, *rr*.

LAMELLIBRANCHES

Anomia costata, Br., *r*.
Ostrea Boblayei, Desh., *ac*.
— *Gingensis*, (Hörnes), *c*.
— *digitalina* (Hörnes), *c*.
— *caudata*, Goldf., *c*.
Pecten solarium, Lam., var., *ar*.
— *Tournali*, de S., *r*.
— *latissimus*, Br., *ac*.

Pecten Crestensis, Font., *c*.
— *Valentinensis*, Font., *r*.
Pecten præscabriusculus, F., *cc*.
— *elegans*, Andr., *c*.
— *substriatus*, d'Orb., *c*.
— *opercularis*, Lam., var., *r*.
— *ventilabrum*, Goldf., *c*.
— *subpleuronectes*, d'Orb., *rr*

Pecten subbenedictus, Font., *cc.*
— *Paulensis*, Font., *c.*
— *lychnulus*, Font., *r.*
? *Spondylus crassicosta*, Lam., *r.*
Avicula phalænacea, Lam , *rr.*
Mytilus Suzensis, Font., *c.*
Arca barbata, Lam., *ac.*
? — *diluvii*, Lam., var., *ac.*
— *Turonica*, Duj., *ac.*
? *Pectunculus polyodontus* (F.) *c.*
Nucula Mayeri, Hörnes, *r.*
Cardium discrepans, Bast., *ac.*
— *Darwini*, May., *ac.*
— *multicostatum*, Br., *c.*
— *commune*, May., *c*.
Lucina Dujardini, Desh., *r.*
Venus umbonaria, Lam., *r.*

Venus plicata, Gm., *ar.*
— *multilamella*, Lam., *r.*
? *Cytherea Pedemontana*, Ag., *rr.*
Dosinia orbicularis, Ag., *ar.*
Tapes Sallomacensis, Fisch., *c.*
Mactra Helvetica, May., *c.*
? *Tellina crassa*, Penn., *r.*
— *lacunosa*, Ch., *c.*
— *planata*, L., *r.*
? *Thracia ventricosa*, Ph., *r.*
Lutraria elliptica, Lam., *r.*
Arcopagia ventricosa, de S., *r.*
Lucina borealis, (Hörnes), *r.*
? *Corbula gibba*, Ol., *c.*
Panopæa Menardi, Desh., *cc.*
— *Rudolphii*, Eichw., *cc.*
Pholadomya Garnieri, Font., *ac.*

ÉCHINODERMES

Scutella Paulensis, Ag., *r.*
Amphiope elliptica, Desh., *r.*
Spatangus Delphinus, Defr., *r.*
Echinolampas scutiformis, L., *ar*
— *hemisphæricus*, Ag. *cc*
Echinocardium Peroni, Cot., *rr.*

Clypeaster intermedius, Des., *c.*
— *Michelottii*, Cott. *r.*
Psammechinus dubius, Ag., *ac.*
— *Caillaudi*, Des., *r.*
— *monilis*, Ag., *r.*
Cidaris Avenionensis, Des., *cc.*

On rencontre, en outre, à ce niveau quelques dents de Poissons *(Lamna, Myliobates)*, des valves de Balanes, et de nombreux Bryozoaires *(Trochopora conica, Retepora, Nullipora,* etc).

c. La troisième zone n'est bien typique et bien développée que sur la lisière occidentale du bassin de Visan, dans les environs de Saint-Paul-Trois-Châteaux, de Chamaret, de Chantemerle. C'est un calcaire mollassique blanchâtre, tendre, se durcissant à l'air, pétri de menus débris organiques.

Au point de vue paléontologique, cette zone est caractérisée dans le Comtat, par l'abondance relative des Peignes de grande taille : *Pecten solarium*, var, *P. sub-Holgeri*, *P. latissimus*, et par la présence de restes de Vertébrés (*Squalodon Barriense*, Jourdan, etc.), mais elle n'a pas, à proprement parler, de faune spéciale. Les fossiles déterminables sont d'ailleurs très rares.

EXTENSION GÉOGRAPHIQUE, ÉPAISSEUR, OROGRAPHIE. — De toutes les assises tertiaires du Sud-Est, la mollasse à *Pecten præscabriusculus* est sans contredit celle qui embrasse l'aire géographique la plus étendue, et pour en tracer les limites, il me faudrait largement dépasser le cadre des monographies dont je présente ici le résumé. Elle ne joue cependant, dans la région delphino-provençale, qu'un rôle assez secondaire.

Cette assise manque même dans tout le Viennois, soit qu'elle ne s'y soit pas déposée, soit que les soulèvements ne l'y aient pas mise en évidence. Dans le Valentinois, elle n'est bien développée qu'au sud de la Drôme, où les couches tantôt inclinées, tantôt à peu près horizontales, suivent le contour aquitanien ; au nord de Crest, on la voit s'amincir rapidement et disparaitre dans les environs de la Baume-Cornillanne.

Quelques lambeaux épars permettent de suivre la mollasse à *P. præscabriusculus*, à travers la plaine de Montélimar jusqu'aux beaux affleurements du bassin de Visan. Dans cette contrée, de même que dans le Valentinois, mais en sens inverse, elle décrit un vaste demi-cercle adossé aux collines crétacées de Clansayes, au plateau oligocène de Réauville, aux montagnes de Dieu-le-Fit, de la Lance, de Nyons, etc. A l'ouest, le long de la plaine du Rhône, elle se prolonge en s'amincissant jusqu'au midi d'Orange ; à l'est où son épaisseur diminue aussi graduellement du nord au sud, elle se distingue encore, au pied des contreforts des Alpes, jusque dans les environs de Pernes, de l'Isle. Plus au sud encore, cette première assise helvétienne entoure d'une ceinture continue le Mont Luberon, présentant sur quelques points un beau développement ; enfin elle franchit la Durance et s'étend à travers les Bouches-du-Rhône, jusqu'au littoral de la Méditerranée actuelle.

Sa puissance, extrêmement variable, offre souvent à de faibles distances des différences très grandes. La plus forte épaisseur que j'ai eu à constater, se trouve dans les environs de Saint-Paul-Trois-Châteaux, où elle atteint près de 150 mètres ; elle ne dépasse guère 60 à 70 mètres dans le bassin de Crest.

Le rôle orographique de la mollasse à *P. præscabriusculus* dépend essentiellement de l'inclinaison des strates. Faiblement inclinée, elle constitue ou couronne les plateaux d'Autichamp, de Clansayes, de Saint-Restitut, de Bonnieux, de Rognes, etc. ; redressée, elle dessine un plan très distinct qui plonge vers la plaine, séparé des rochers secondaires par de petites combes creusées dans la zone inférieure.

GISEMENTS TYPIQUES, MATÉRIAUX UTILES. — Dans le Valentinois, Crest, Divajeu, Autichamp ; — dans le Comtat, Saint-Restitut, Clansayes, Montségur, Chantemerle, Taulignan, Nyons, les environs de Visan, de Malaucène, de Sérignan, d'Orange ; — dans la Basse-Provence, Bonnieux, la gorge de Lourmarin, etc.

De nombreuses carrières sont ouvertes dans la partie supérieure de cette assise, qui fournit d'excellents matériaux de construction connus sous le nom de mollasse de la Drôme. Un des gisements les plus remarquables par la blancheur, la cohésion de la roche, la rareté des lentilles ou lits coquilliers, est situé sur la colline de Sainte-Juste, près de Saint-Paul-Trois-Châteaux et donne lieu à d'importantes exploitations.

CLASSIFICATION. — Bien que dans le Sud-Ouest, plusieurs types caractéristiques de cet horizon fassent leur apparition dans le Langhien et même dans l'Aquitanien, je ne crois pas qu'on puisse le séparer des assises superposées, auxquelles il se rattache par un grand nombre d'espèces communes.

2. — Sables et Grès à *Ostrea crassissima*

SUBDIVISION, CARACTÈRES MINÉRALOGIQUES ET PALÉONTOLOGIQUES. — Cette assise qui se distingue difficilement de la précédente, lorsque la mollasse calcaire fait défaut, se compose de bancs peu épais de marne grisâtre, plus ou moins sableuse, alternant avec des bancs gréseux dont la texture, la cohésion varient avec la proportion du ciment calcaire. Elle présente ainsi, dans ses caractères minéralogiques comme dans sa faune, un faciès transitoire entre les sables superposés et la mollasse marneuse dont elle renferme un assez grand nombre d'espèces.

Vers la limite occidentale du bassin de Visan, les sables et grès caractérisés dans leur ensemble par l'apparition et l'abondance de l'*Ostrea crassissima,* sont assez développés et assez fossilifères pour se prêter à la subdivision suivante ;

a. Marne sableuse à *Pecten diprosopus.*
b. Grès marneux à *Pecten Camaretensis.*
c. Sable marneux à Myliobates.
d. Calcaire marno-gréseux à Bryozoaires.
e. Grès marneux à *Pecten amœbeus.*

Je n'insisterai pas dans ce résumé qui doit être aussi concis que possible, sur ces différentes zones dont la valeur est toute régionale. Je réunis donc dans la liste suivante toutes les espèces qui caractérisent l'assise, tout en constatant dans leur

ordre d'apparition une certaine régularité, sur laquelle ces
subdivisions minutieuses avaient pour but d'appeler l'attention.

Lamna, r.

Balanus tintinnabulum, L., ac.

Cassis sulcosa, Lam., rr.

? *Natica helicina*, Br., rr.

Turritella Rhodanica, Font., ac.

Anomia costata, Br., cc.

Ostrea crassissima, Lam., cc.

— *digitalina*, Eichw., r.

— *caudata*, Münst., ac.

Pecten sub-Holgeri, Font., rr.

— *Camaretensis*, Font., cc.

— *Suzensis*, Font., r.

— *diprosopus*, Font., rr.

— *amœbeus*, Font., ac.

— *substriatus*, d'Orb., c.

— *ventilabrum*, Goldf., ac.

Mytilus Suzensis, Font., cc.

Arca Turonica, Duj., ac.

? — *umbonata*, Lam., r.

Pectunculus polyodontus, (F.), r.

Cardium multicostatum, Br., r.

— *commune*, May., ac.

Dosinia orbicularis, Ag., r.

Venus islandicoides, Lam., r.

— *multilamella*, Lam., ac.

Cytherea Pedemontana, Ag., r.

Tapes Sallomacensis, Fisch., cc.

Mactra Helvetica, May., ac,

? *Tellina planata*, L., ac.

Lutraria oblonga, Ch., r.

? *Psammosolen strigillatus*, L., r.

Panopæa Menardi, Desh., c.

— *Rudolphii*, Eichw., c.

EXTENSION GÉOGRAPHIQUE, ÉPAISSEUR. — Les marnes et
grès à *O. crasssissima* occupent la même aire géographique que
l'assise précédente, à laquelle ils se rattachent intimement sous
tous les rapports. Dans la région classique du Haut-Comtat,
comme dans le bassin de Crest et le plateau de Cucuron, ils ne
présentent d'ailleurs qu'un faible développement vertical ; je ne
crois pas que sur aucun point son épaisseur excède une quinzaine de mètres.

GISEMENTS TYPIQUES. — Crest, Divajou, le plateau d'Autichamp, Grane ; — Taulignan, Chamaret, Suze ; — Le Roure,
Cabrières d'Aygues, etc.

CLASSIFICATION. — Dans un grand nombre de localités, cette

assise ne se distingue nettement de la mollasse marno-calcaire que par l'apparition de l'*Ostrea crassissima* qui, par son abondance et sa constance, constitue un excellent point de repère pour les études stratigraphiques.

3. — Sables et Grès à *Pecten Gentoni*

Subdivision, caractères minéralogiques et paléontologiques. — Au-dessus des grès à *O. crassissima*, la composition minéralogique des dépôts helvétiens change complètement et presque sans transition. On ne rencontre plus que des sables quartzeux plus ou moins grossiers, marneux, ferrugineux parfois manganésifères, passant accidentellement à l'état de bancs gréseux par suite d'une cimentation plus compacte, dans lesquels s'intercalent, particulièrement à la base et au sommet, quelques dépôts de marne grise micacée.

La stratification très tourmentée, anguleuse, présente parfois une allure torrentielle. Dans toute l'étendue du bassin de Crest, on voit distinctement, à un niveau constant, certaines couches horizontales reposer sur les tranches des couches précédentes sensiblement inclinées. Dans les environs de Nyons, de Piégon, les sables et grès à *Pecten Gentoni* renferment plusieurs bancs très réguliers de conglomérats à cailloux impressionnés.

Les rares niveaux fossilifères qu'elle présente peuvent seuls servir de base à une subdivision de cette puissante assise, Voici celle que j'ai adoptée dans mes Études.

    a. Sable ferrugineux à *Amphiope perspicillala.*

    b. Grès lumachelle à *Cardita Michaudi.*

    c. Sables et grès à *Terebratulina calathiscus.*

a. La première de ces zones est constituée par un sable quartzeux, parfois assez grossier, ferrugineux, à stratification ondu-
lée, renfermant des lits et lentilles d'argile marneuse jaunâtre.
Les menus débris de coquilles et surtout de Bryozoaires entrent
aussi pour une notable proportion dans la composition du dépôt,
mais les fossiles entiers, déterminables, sont le plus souvent
très rares.

La faune de ce niveau se borne actuellement aux espèces
suivantes :

Dents de Squalides, *c*.

Pinces de Cancériens, *ac*.

Balanes, *cc*.

Helix sp.? (roulé).

Anomia costata, Br., *c*.

Ostrea crassissima, Lam., *cc*.

— *Virginiana* (May.), *r*.

— *digitalina*, Eichw., *ac*.

— *sacellus*, Duj., *r*.

Pecten Gentoni, Font., *cc*.

— *(P. Celestini*, F. *n*. May).

— *Escoffieræ*, Font., *rr*.

— *substriatus*, d'Orb., *cc*.

— *Fuchsi*, Font., *ac*.

Amphiope perpicillata, Des., *ac*.

Psammechinus dubius, Ag., *r*.

Bryozoaires, *ccc*.

Spongiaires, *c*.

On voit que les Dimyaires et les Gastéropodes font absolument défaut à la base de cette assise de même qu'à la base de
la mollasse à *Pecten præscabriusculus*. Parmi les Mono-
myaires, les plus intéressants au point de vue stratigraphique
sont l'*Ostrea crassissima* encore abondant dans les couches
inférieures qu'il relie aux dépôts sous-jacents, le *Pecten
Fuchsi* qui se retrouve sous une forme à peine différente dans
les faluns de la Touraine, avec l'*Ostrea sacellus*, et le *Pecten
Gentoni* qui se perpétue, tout en subissant quelques modifications, jusqu'au sommet du miocène marin.

Les fossiles deviennent de plus en plus rares dans les couches supérieures de la zone à *Amph. perspicillata*, et dans la
vallée de la Durance, j'ai eu même l'occasion de signaler à

ce niveau l'intercalation d'une formation d'eau douce peu épaisse (calcaire de Pertuis).

b. La seconde zone, —Grès lumachelle à *Cardita Michaudi*, — joue un rôle assez important dans la stratigraphie tertiaire du Sud-Est. C'est un grès quartzeux à ciment argilo-marneux, souvent très ferrugineux, se délitant le plus souvent en minces plaquettes, couvertes d'empreintes de débris de coquilles, de Bryozoaires, etc.

Ces empreintes de fragments de petite taille sont d'une étude très difficile. Je crois cependant avoir réussi à reconstituer une faunule qui n'est pas sans intérêt et que je compte pouvoir bientôt enrichir de nouvelles espèces.

Dents de Lamna, *ac.*
Pollia exsculpta, Duj., *r.*
Nassa costulata, Ren., *ac.*
Conus canaliculatus, Ren., *r.*
Pleurotoma asperulata, Lam.,*r.*
  — *ramosa*, Bast., *r.*
Turritella bicarinata, Eichw.,*ac.*
? *Trochus Tholloni*, Mich., *r.*

Rotella mandarinus, Fisch., *r.*
Fissurella Italica, Defr., *r.*
Ostrea digitalina, Eichw., *c.*
Pecten Gentoni, Font., *c.*
Arca barbata, L., *ac.*
Venus plicata, Chem., *r.*
Cardita Michaudi, Tourn., *c.*

Les genres *Lima, Pectunculus, Tellina, Cardium, Crassatella, Mactra, Corbula,* sont aussi assez largement représentés. Presque toutes les espèces sont de petite taille.

Sur le plateau de Cucuron, les Cardites qui, dans le Dauphiné et le Comtat, caractérisent ce niveau par leur constance, sont remplacées par de petits Bucardes, que je n'ai pas encore pu dé-terminer spécifiquement.

c. La troisième zone, — Sables et grès à *Terebratulina calathiscus*, — ne possède pas de faune qui lui soit propre. D'ailleurs, sur les deux à trois cents mètres qu'elle comprend, on ne trouve pas un seul niveau véritablement fossilifère, les espèces qui se montrent parfois au sommet (Grès à Patelles de Visan, de Montvendre) n'étant que des avant-coureurs de la faune de l'assise suivante. En fait de débris organiques, on ne rencontre, d'une manière un peu constante, que des fragments de Balanes, d'Huîtres (*O. crassissima*, etc.), de petits Pecten (*P. Gentoni*, etc.), de Bryozoaires et quelques dents et ossements de poissons.

Dans le Viennois, et particulièrement aux environs de Saint-Fons, de Feyzin, on rencontre assez fréquemment, dans les couches supérieures, des valves de petit Brachiopodes (*Argiope, Thecidea, Terebratulina*), et c'est d'après l'un d'eux, un peu moins localisé que les autres, que j'ai dû désigner cette zone d'un développement vertical et horizontal si remarquable.

Voici les noms des rares espèces déterminables qui se rencontrent dans la partie supérieure :

Dents de Squales, *c.*

Pinces de Cancériens, *ac.*

Balanes, *c.*

Scalaria, sp.?

Patella Tounouëri, Font., *ac.*

— *Delphinensis*, Font., *ac.*

— *Vindascina*, Font., *rr.*

Ostrea caudata, Münst., *cc.*

Anomia ephippium, L., var , *c.*

Pecten Cavarum, Font., *r.*

Pecten Gentoni, Font., *cc.*

Pecten opercularis, L., *c.*

— *ventilabrum*, Goldf., *c.*

Lima inflata, Ch., *ac.*

Arca Turonica, Duj., *ac.*

Terebratulina calathiscus, F., *c.*

Argiope decollata, Ch., *ar.*

Thecidea testudinaria, M., *ac.*

Psammechinus dubius, Ag., *r.*

Bryozoaires, *cc.*

En employant une dénomination abréviative que je me garderais bien de faire entrer dans la classification, on pourrait, d'après certains caractères assez stables, diviser cette énorme épaisseur de sables et grès mollassiques en trois groupes de couches. A la base, le calathiscien gris, bien typique dans le Valentinois, près de Barcelonne ; au-dessus, le calathiscien

jaune qui lui succède sur ce point et devient seul visible dans
la plus grande partie du Viennois, et enfin le calathiscien
marno-ferrugineux qui renferme de nombreuses lentilles de
marne argileuse, des concrétions de fer, de manganèse, etc.
(Grès varioleux). Cette dernière section est bien typique dans
le Valentinois, près de Chabeuil, de la Baume-Cornillanne,
où elle passe directement aux marnes et sables à *Helix Delphinensis*.

EXTENSION GÉOGRAPHIQUE, ÉPAISSEUR, OROGRAPHIE. — Les
sables et grès à *Pecten Gentoni* dont l'épaisseur peut atteindre
275-300 mètres, occupent un périmètre très étendu et qui
certainement ne le cèderait en rien à celui de la mollasse à
P. præscabriusculus, si les dépôts qui constituent cette assise
eussent opposé aux dénudations une cohésion plus forte.

La plus grande partie des plaines, vallées ou vallons, compris entre le Rhône et les contreforts des Alpes, ont été creu-
sés dans ces sables mollassiques qui n'en forment pas moins
encore, surtout dans le Bas-Dauphiné, d'importants massifs.
Au midi de la plaine de Lyon, les bas-plateaux du Viennois
septentrional, séparés par la vallée de Beaurepaire du vaste
plateau de Chambaran. Plus au sud, la plaine de Romans,
les collines de Chabeuil, de Montvendre, de Montmeyran,
d'Upie, d'Eurre, les balmes de Fontlauzier près de Valence,
d'Étoile, toutes taillées dans cette même assise.

Dans le Comtat, toutes les grandes vallées, celles du Lez,
de l'Eygues, de l'Ouvèze, la plaine d'Orange sont le résultat
des ravinements profonds opérés par la mer pliocène ou les
courants quaternaires dans ces masses meubles. Si le massif
de Visan sur la rive droite de l'Eygues, celui de Caïranne sur
la rive gauche ont échappé à ces violentes dénudations, ils le
doivent en grande partie aux marnes soutenues par d'épais

conglomérats qui couronnent dans cette région les sables helvétiens. Enfin j'ai retrouvé cette assise, avec ses trois zones bien distinctes et très typiques, dans la vallée de la Durance, où elle avait été confondue sous le nom de *Mollasse grise* avec la mollasse sableuse à *Pecten Davidi.*

GISEMENTS TYPIQUES, MATÉRIAUX UTILES. — Dans le Viennois septentrional, Saint-Fons, Feyzin, les environs de Vienne, de la Tour-du-Pin, de Saint-André-le-Gaz, etc. Dans le Viennois méridional, les collines de la rive gauche de l'Herbasse, de la Galaure au sud de Hauterives, Peyrins, Parnans, etc.;

Dans le Valentinois, les environs de Charpey, de Chabeuil, de Montmeyran, de Beaumont, d'Upie, de Vaunaveys, de Crest, de Chabrillan, de Lambres ;

Dans le Haut-Comtat, Grignan, Valréas, Visan, Suze, la vallée de la Sauve, Sablet, Vacqueyras, Courthézon, etc. ;

Dans la Basse-Provence, les environs de Lourmarin, de Cucuron, de Cadenet, d'Ansouis, etc.

Malgré leur développement, les sables et grès à *Pecten Gentoni* n'offrent à l'industrie qu'un petit nombre de matériaux utiles. Quelques bancs gréso-calcaires fournissent une pierre à bâtir d'assez bonne qualité pour satisfaire aux besoins locaux ; un seul acquiert une certaine importance au point de vue de l'exploitation, le grès à Cardites, dans lequel sont ouvertes d'importantes carrières à la Vache près d'Étoile, à Grane, à Sérignan, à Courthézon, etc. Les marnes argileuses de la base sont employées, près de Grignan, par quelques tuileries. Dans les environs de Vienne, le manganèse devient assez abondant à la partie supérieure de l'assise, pour être recueilli par les poteries.

Mais l'agriculture tire un grand parti des sables fins marneux, dont on couvre le sol des écuries et qu'au bout d'un certain temps on répand, en guise de fumier, sur les terrains maigres.

CLASSIFICATION. — Par la faune du grès à Cardites, cette puissante formation se lie intimement aux dépôts littoraux qui couronnent l'Helvétien et particulièrement aux sables à *Nassa Michaudi*.

Suivant moi, d'ailleurs, les sables et grès à *P. Gentoni* ne correspondent pas à une période ontologique différente de celle des couches fossilifères entre lesquels ils sont compris. C'est un faciès très remarquable par sa constance dans le temps et dans l'espace, mais qui ne saurait prétendre à aucune autonomie dans la série systématique des modifications organiques qui se partagent les temps tertiaires dans le sud-est de la France.

4. — Sables et Marnes à *Ancillaria glandiformis*

SUBDIVISION, CARACTÈRES MINÉRALOGIQUES ET PALÉONTOLOGIQUES. — Les formations littorales que je réunis sous cette dénomination, contrastent tellement par l'inconstance de leurs caractères fauniques, par la variabilité de leur composition minéralogique, avec les autres assises de l'Helvétien, qu'il est impossible de les décrire convenablement sans les subdiviser dans leur extension géographique.

On peut, en effet, reconnaître à ce niveau deux séries parallèles bien distinctes :

a. Sables à *Nassa Michaudi* et *Helix Delphinensis*.

b. Marnes et calcaires sableux à *Cardita Jouanneti*, — la première ne franchissant guère au sud les limites du Bas-Dauphiné méridional, la seconde propre au Comtat et à la Provence.

a. Les sables à *Nassa Michaudi* et *Helix Delphinensis* ne représentent pas au point de vue stratigraphique une assise spéciale ; les éléments dont ils se composent sont absolument les mêmes que ceux qu'on observe dans les dépôts sous-jacents et qu'on retrouve encore dans certaines couches du Tortonien. Cet horizon n'est à proprement parler qu'un incident biologique dû à un rapprochement du rivage.

La faune marine de cette assise est assez riche à Tersanne (Drôme) ; partout ailleurs elle se réduit à un petit nombre de types auxquels viennent s'adjoindre, en proportion très variable, des espèces saumâtres et d'eau douce.

J'ai donné ailleurs la liste des espèces, au nombre d'une centaine, que j'ai recueillies à ce niveau. Pour ne pas surcharger inutilement ce résumé, je me bornerai à inscrire ici celles qui ne se retrouvent pas dans les marnes à *Cardita Jouanneti* ; on reconnaîtra facilement les autres dans la liste que je donne plus loin de la faune équivalente de la région provençale.

Dents de Squales, *ac.*
Pinces de Cancériens, *r.*
Balanes, *cc.*
Tetraclita Dumortieri, Fisch., *c.*
Murex nodosus, Bell., var. *ac.*
— *cristatus.*, Br., *r.*
— *bifrons*, Tourn., *ac.*
Nassa Michaudi, Thioll., *cc.*
— *Falsani*, Tourn., *c.*
Hydrobia Falsani, Font., *rr.*
Valvata vallestris, Font., *r.*
Trochus Tholloni, Mich., *c.*
— *Hörnesi*, Mich., *c.*
— *pseudofragaroides*, F., *ac.*
Trochus speciosus, Michel., *ac.*
— *Colonjoni*, Font., *ac.*

Haliotis Volhynica, Eichw., *rr.*
Patella Delphinensis, Font., *ac.*
— *Tournonëri*, Font., *ac.*
— *alternans*, Michaud, *r.*
Helix Abrettensis, Font., *rr.*
Auricula Lorteti, Font., *r.*
Melampus Delocrei, Mich., *r.*
Lima plicata, (May.), *r.*
Cardita Michaudi, Tourn., *c.*
Pholas Dumortieri, Fisch., *ar.*
Terebratula manticula, Fisch., *r.*
Teratulina calathiscus, Fisch., *r.*
Argiope decollata, Ch., *r.*
Thecidea testudinaria, Michel., *r.*
Bryozoaires, *ccc.*

J'ai recueilli en outre, dans les couches supérieures, des dents et des ossements d'*Hipparion gracile*, de Christol.

b. Les marnes et calcaires sableux à *Cardita Jouanneti* constituent une véritable assise, importante par son développement èt d'une composition très complexe. Ce sont des alternances de calcaires marno-sableux, de marne grise, de sable plus ou moins marneux, présentant des faunes un peu distinctes, ou plutôt dans lesquelles on remarque des groupements divers d'espèces faisant partie d'une seule et même faune.

Dans la région classique du Haut-Comtat, cette assise peut se subdiviser en quatre zones qui sont à partir de la base :

a. Marne et calcaire sableux à *Pecten Vindascinus*.
b. Sables marneux à *Ancillaria glandiformis*.
c. Sable marneux à *Rotella subsuturalis*.
d. Marne sableuse à *Ostrea crassissima*.

Le mélange des faunes régionales du Dauphiné et de la Provence est facile à constater dans les environs de Visan ; c'est dans l'assise *b* qui prend souvent un faciès saumâtre, que se rencontrent le plus grand nombre d'espèces des sables à *Nassa Michaudi*.

La liste des fossiles des environs de Cabrières d'Aygues que j'ai publiée dans mon Étude IV, comprend 178 espèces de Mollusques ; dans celle que je présente ici, je n'inscris que celles de ces espèces qui offrent un certain intérêt stratigraphique, soit par leur abondance relative dans l'Helvétien de la Provence, soit par les rapprochements qu'elles suggèrent. J'y joins les espèces saumâtres et continentales qui se rencontrent à Visan dans les couches de mélange et fais précéder d'un astérisque celles qui se retrouvent dans les sables à *Nassa Michaudi* du Bas-Dauphiné.

GASTÉROPODES

Murex Gaudryi, F et T., *ar.*
— *Dujardini*, Tourn., *r.*
— *striæformis*, Michel., *c.*
— *Vindobonensis*, Hörnes, *c.*
e — *Dertonensis*, May., *r.*
★ *Pollia exsculpta*, Duj., *r.*
— *Tournouëri*, Font., *ac.*
Fusus provincialis, F. et T., *ar.*
Cancellaria Westiana, Grat.; *r.*
Ficula clathrata, Lam., var., *r.*
Pirula rusticula, Bast., *ar.*
★ *Nassa conglobata*, Br., *rr.*
— *Ayguesii*, Font., *rr.*
★ — *Dujardini*, Desh., *cc.*
★ — *acrostyla*, F. et T., *c.*
— *cytharella*, F. et T., *c.*
— *Sallomacensis*, M. v., *ac.*
— *Cabrierensis*, F. et T., *c.*
Terebra modesta, Defr , *cc.*
— *Algarbiorum*, G., v.,*ar.*
— *Cuneana*, Costa, var., *r.*
★*Ancillaria glandiformis*, L., *cc.*
Conus Mercatii, Br., *ac.*
— *canaliculatus*, Br., *cc.*
Pleurotoma ramosa, Bast., *ac.*
— *Jouanneti*, Desm., *cc.*
♦ — *asperulata*, Lam.; *ac.*
— *calcarata*, Grat., *c.*
★ — *Cabrierensis*, F.etT.*c.*
— *pseudobeliscus*, F. et T., *ar.*
— *Saportai*, F. et T.,*ar.*
Voluta Fischeri, Font., *r.*
Mitra fusiformis, Br., *r*

★ *Columbella Turonica*, M.,v. *ac.*
★*Erato lævis*, Donovan, *rr.*
Natica euthele, F. et T , *cc.*
— *Moirenci*, F. et T., *c.*
— *Luberonensis*, F. et T., *c.*
— *Volhynica*, d'Orb., *c.*
★ — *Josephinia*, Risso, *ar.*
Cerithium lignitarum, Eich., *r.*
— *papaveraceum*, Bast.,*r.*
— *Dertonense*, May., *c.*
— *pictum*, Bast., *r.*
Turritella cathedralis, Brongn., var., *r.*
— *Valriacensis*, Font., *c.*
★ — *bicarinata*, Eichw., *c.*
— *pusio*, F. et T., *cc.*
Proto rotifera, Lam., *cc.*
Mesalia Cabrierensis, F. et T.,*c.*
★ *Vermetus intortus*, Lam., *ac.*
★ *Turbo muricatus*, Duj., *ac.*
★*Trochus millegranus*,P., v.,*ac.*
— *Martinianus*, Math., *r.*
— *Cabrierensis*, F., *ar.*
Clanculus Araonis, Bast., v.,*ar.*
Rotella subsuturalis, d'Orb., *cc.*
— *mandarinus*, Fisch., *ac.*
★*Fissurella Italica*, Defr., *ar.*
★*Calyptræa Chinensis*, L., *c.*
★*Dentalium fossile*, L., *ac.*
Actæon semistriatus, Grat., *r.*
Bulla Lajonkaireana, Bast., *r.*
★*Helix Delphinensis*, Font., *c.*
★ — *Gualinoi*, Mich., *ac.*
★ — *Escoffieræ*, Font., *ac.*

* *Helix Valentinensis*, Font., *r.*
*? — *Colonjoni*, Mich., *r.*
* *Limnæa Heriacensis*, Font., *c.*
* *Planorbis Heriacensis*, Font., *r.*
* *Hydrobia Avisanensis*, F., *a.*

* *Bithynia Luberonensis*, F. et T., *r.*
* *Auricula Viennensis*, Font., *r.*
* *Melampus Dumortieri*, F., *rr.*
* *Neritina Grasiana*, Font., *r.*

LAMELLIBRANCHES

* *Ostrea crassissima*, Lam., *cc.*
— *Boblayei*, Desh., *ac.*
* — *digitalina* (Hörnes), *cc.*
* *Anomia costata*, Br. *cc.*
— *porrecta*, Partsch, *ac.*
Pecten solarium, Lam. var., *c.*
— *Vindascinus*, Font., *c.*
— *scabriusculus*, Math., *cc.*
* — *Cavarum*, Font., *c.*
— *improvisus*. F. et T., *r.*
— *diprosopus*, Font., var., *r.*
— *subvarius*, d'Orb., *ac.*
* — *substriatus*, d'Orb., *c.*
— *nimius*, Font., *ac.*
— *Escoffieræ*, Font., *r.*
— *planosulcatus*, Math., *c.*
— *subbenedictus*, Font., *c.*
Lima hians, Hörnes, *r.*
? *Perna Rollei*, Hörnes, *r.*
Mytilus Suzensis, Font., *r.*
* *Arca Turonica*, Duj., *c.*
— *Rhodanica*, Font., *r.*
* — *barbata*, L., *r.*
* — *lactea*, L., *ar.*
— *Rollei*, Hörnes, *r.*
? — *Noæ*, L., *c.*
Pectunculus polyodontus (F.), *r.*
* *Nucula nucleus*, L., *rr.*
* *Chama gryphoides*, L., *r.*

Cardium Darwini, May., *ac.*
— *Avisanense*, Font., *ac.*
— *discrepans*, Bast., *r.*
— *papillosum*, Poli, *r.*
* *Crassatella provincialis*, F. et T., *ar.*
Cardita crassa, Lam., *ar.*
— *Jouanneti*, Bast., *cc.*
Venus clathrata, Duj., *ar.*
— *plicata*, Gm., var., *c.*
— *islandicoides*, L., var., *c.*
* — *umbonaria*, Lam., *r.*
Cytherea Pedemontana, Ag., var., *c.*
Tapes Sallomacensis, Fisch., *r.*
Tellina planata, L., *c.*
Fragilia abbreviata, Duj., *c.*
Arcopagia ventricosa, de S., *c.*
* *Eastonia rugosa*, Ch., *cc.*
* *Solen marginatus*, Pult., *c.*
Panopæa Menardi, Desh., *r.*
Tugonia anatina (Hörnes), *ar.*
Corbula Escoffieræ, Font., *cc.*
— *revoluta*, Br., *r.*
— *carinata*, Duj., *r.*
Sphenia anatina, Bast., *r.*
Gastrochæna dubia, Penn., *ar.*
Parapholas Branderi, Bast., *ar.*
? *Unio Sayni*, Font., *r.*

La faune de cette assise comprend en outre, dans le Comtat et la Provence, des dents de Poissons, des Balanes, une variété intéressante du *Scalpellum Burdigalense*, d'Orb., de nombreux Bryozoaires, et enfin parmi les Polypiers, le *Dendrophyllia Çolonjoni*, espèce caractéristique par son extrême abondance des sables à *Nassa Michaudi* de Tersanne.

EXTENSION GÉOGRAPHIQUE, ÉPAISSEUR, OROGRAPHIE. — Cette assise qui est pour ainsi dire une conséquence naturelle de l'ex-haussement graduel du sol dont l'émersion complète est proche, se retrouve sur presque tous les points où les dénudations ont épargné les derniers termes du groupe de Visan. C'est ainsi qu'on la rencontre vers le sommet de la plupart des plateaux ou massifs du Bas-Dauphiné septentrional ; mais elle s'y présente sous des faciès très divers, ainsi qu'il arrive le plus souvent pour les dépôts de rivages, et les fossiles marins y sont très inégalement répartis. Ils manquent même absolument dans le Valentinois, où les sables marno-ferrugineux de l'assise précédente passent sans transition littorale aux formations lacustres du Tortonien.

Dans le Comtat, les marnes et calcaires à *Cardita Jouanneti* constituent en partie les massifs de Visan, de Mirabel, de Caïranne. Sablet, où j'en ai reconnu un faible lambeau, est dans cette région la station la plus méridionale de l'Helvétien supérieur, qui a été profondément raviné le long de la plaine d'Orange par la mer pliocène. Mais il reparaît avec un beau développement dans la Basse-Provence et en particulier sur le versant méridional du Mont Luberon.

L'épaisseur maximum des dépôts caractérisés par le *Cardita Jouanneti* est environ de 25-30 mètres dans le Comtat, de 40-50 mètres dans le bassin de la Durance. Dans le Dauphiné, les sables à *Nassa Michaudi* atteignent à peine une quinzaine de mètres.

GISEMENTS TYPIQUES. — Dans le Bas-Dauphiné, les environs d'Heyrieu où le *Nassa Michaudi* représente seul l'élément marin, de Saint-Quentin, de Vienne, d'Aoste où les coquilles marines et continentales présentent parfois un égal degré d'abondance, de Tersanne où la faune marine est dominante. Dans le Comtat, les environs de Valréas, de Visan, de Nyons, de Piégon, de Roaix, de Caïranne, etc. Dans la Provence, Cadenet, Vaugines, Cucuron, Cabrières d'Aygues, etc.

CLASSIFICATION.— La faune relativement très riche de cette assise permet de classer celle-ci avec une certitude presque absolue. Quelle que puisse être d'ailleurs la signification d'un assez grand nombre d'espèces, jusqu'ici spéciales au sud-est, les marnes et calcaires à *Ancillaria glandiformis* du bassin du Rhône peuvent être regardés comme l'équivalent des faluns de Salles du bassin de la Garonne, des faluns de Pontlevoy du bassin de la Loire, de l'argile de Grinzing du bassin du Danube, etc. Or, comme il est bien certain que cet horizon est d'un degré plus ancien que celui de Saubrigues, de Tortone, de Baden, il s'en suit que Tersanne, Visan et Cabrières viennent incontestablement se placer au sommet du miocène moyen de la grande majorité des auteurs.

III. — ÉTAGE TORTONIEN

Sables et marnes à lignite et fossiles terrestres

(Helix Delphinensis; H. Christoli)

CARACTÈRES MINÉRALOGIQUES ET PALÉONTOLOGIQUES. — Cet étage, souvent lié au précédent par des transitions insensibles, comprend toutes les formations continentales qui reposent en stratification concordante sur les dépôts helvétiens et couronnent le groupe miocène de Visan.

Sa composition est assez complexe, ce qui est d'ailleurs inhérent à son origine ; ce sont des alternances de sables fins plus ou moins marneux, blanchâtres ou ferrugineux et de marnes plus ou moins compactes, passant exceptionnellement à un calcaire marneux et prenant, dans certaines contrées, une couleur rouge assez vive. Dans le voisinage des montagnes encaissantes, on observe en outre au travers de la masse, à des niveaux variables, des bancs épais de conglomérats à cailloux impressionnés.

Les horizons marneux sont généralement au nombre de trois, séparés par des couches sableuses, peu cohérentes. Chacun d'eux renferme généralement un, deux et même trois couches de tourbe ou de lignite.

La faune de cet horizon, dont on ne connait encore qu'un petit nombre de stations fossilifères, ou plutôt dont les fossiles sont le plus souvent indéterminables, se compose actuellement des espèces suivantes, qui toutes ont été recueillies dans la partie inférieure.

Dans le Dauphiné :

Melanopsis Kleini, Kurr., v., cc.
Helix Delphinensis. Font., cc.
— Gualinoi, Mich., ar.
— Valentinensis, Font., c.
— Escoffieræ, Font., c.
Planorbis Heriacensis, Font., c.
— Thiollierei, Mich., rr.
— Matheroni, F. et T., rr.
— ? Bigueti, Font., ac.
Limnæa Heriacensis, Font., cc.
Ancylus Neumayri, Font., ar.
Paludina aff Neumayri, Br., rr.

Parmacella Sayni, Font., rr.
Bithynia Luberonensis, F. et T., r.
Hydrobia Avisanensis, Font., c.
Valvata Hellenica, T., var., ar.
— Dromica. Font., ac.
Neritina Grasiana, Font., cc.
Unio Cabeolensis, Font. (ou fla-
bellatus, Goldf., var.), cc.
Unio Sayni, Font., ac.
— Capellinii, Font., ac.
— Veneria, Font., ar.
Sphærium ? Loryi, Font., ar.

Dans la Provence :

Melanopsis Narzolina, Bon., cc.
Succinea primæva, Math., r.
Helix Christoli, Math., cc.
— Duvernoyi, Math., r.
— pseudoconspurcata,
Math., r.
Planorbis præcorneus, F., T., cc.

Planorbis Matheroni, F., T., cc.
Limnæa Heriacensis, Font., c.
— Cucuronensis, Font., r.
— Deydieri, Font., r.
Bithynia Luberonensis, F. et T., c.
Neritina Dumortieri, Font., ar.
Unio sp.?

Au pied du Mont Luberon, au-dessus des calcaires à *Helix Christoli*, s'étendent les Limons rougeâtres à *Hipparion gracile* dont la faune mammalogique a été étudiée par M. le professeur Gaudry, et qui supportent dans les environs de Cucuron, un conglomérat bréchiforme assez épais, — équivalent probable des conglomérats rougeâtres du Comtat.

EXTENSION GÉOGRAPHIQUE, ÉPAISSEUR, OROGRAPHIE. — Sur tous les points, où se trouvent les marnes et sables à *Ancillaria*

glandiformis, on est à peu près certain de rencontrer les dépôts d'eau douce qui leur succèdent dans la série systématique;
car les érosions qui marquent le début de la période pliocène,
ne se sont jamais arrêtées à la suface de l'Helvétien. L'extension géographique de ces deux assises est donc exactement la
même.

Quant à la puissance des formations tortoniennes, elle paraît
avoir été assez uniforme dans toute l'étendue de la région
delphino-provençale; du moins le maximum de développement
qu'elles présentent actuellement dans la plupart des bassins
est-il assez constant. C'est ainsi que l'ensemble des dépôts
compris entre le miocène marin et les alluvions pliocènes ou
quaternaires, atteint de 100 à 125 mètres dans le Viennois
septentrional (plateaux d'Heyrieu, de Vienne), dans le Viennois méridional (vallée de la Galaure, etc.), dans le Valentinois (environs de Chabeuil, d'Upie).

Dans le Comtat l'épaisseur est un peu plus forte; elle s'élève
jusqu'à 160-180 mètres sur les massifs de Visan et de Caïranne;
en Provence elle ne doit pas dépasser sensiblement 120-140
mètres (Cucuron).

GISEMENTS TYPIQUES, MATÉRIAUX UTILES. — Dans le Viennois, les environs d'Heyrieu, de Vienne, de la Tour-du-Pin,
de Tersanne, du Grand-Serre, de Montmiral, etc. Dans le
Valentinois, Chabeuil, Montvendre, Upie (le Signal). Dans le
Comtat, Visan, Vinsobres, Mirabel, Buisson. Dans le bassin
de la Durance, Cucuron, Cadenet, Villelaure, etc.

Les marnes argileuses foncées, généralement bleuâtres, de
la base de l'assise alimentent, dans le Bas-Dauphiné, de nombreuses tuileries; quant au lignite qu'elles renferment, il n'offre que très exceptionnellement une épaisseur suffisante pour
que son exploitation soit rémunératrice.

CLASSIFICATION. — Le classement de cette assise présente quelques difficultés, qui proviennent en grande partie sans doute de l'insufffsance de nos connaissances sur la faune de toute la partie moyenne et supérieure. Saliaison intime avec les marnes et sables à *Anc. glandiformis* ne permet pas de la placer à un degré plus élevé que le Tortonien, et cependant il est probable qu'elle correspond, en partie du moins, aux dépôts d'eau douce qui, sur beaucoup de points, succèdent directement au Tortonien (*Paludinensch., form. gessoso-solfi- fera*, etc.), Or, ces formations continentales sont généralement rapportées au Messinien, étage compris par les uns dans le terrain miocène et reporté, par les autres, à la base du terrain pliocène. Quoiqu'il en soit, je crois avoir démontré que l'assise caractérisée dans le bassin du Rhône par les *Helix Delphi- nensis* et *Christoli* fait incontestablement partie du groupe miocène de Visan, et ne saurait en aucun cas être attribuée au groupe pliocène de Saint-Ariès.

On trouve d'ailleurs en Suisse, dans un grand nombre de cantons, une formation qui n'est pas sans analogie avec les marnes rouges à conglomérats impressionnés du Comtat. Ce sont les marnes rouges et le nagelfluh qui succèdent à la mollasse marine et ont été rangés expressément par M. Mayer dans son Tortonien.

III

GROUPE DE SAINT-ARIÈS

TERRAIN PLIOCÈNE

Le groupe pliocène de Saint-Ariès repose en stratification discordante sur le groupe de Visan qu'il ravine parfois profondément. Il s'en distingue, en outre, par une aire géographique beaucoup moins étendue, par une faune absolument distincte et, dans la plupart des cas, par la nature pétrographique de ses sédiments. Ses strates fortement inclinées près du littoral, où elles renferment le plus souvent un banc de galets et recouvrent parfois d'énormes blocs éboulés des falaises, deviennent de plus en plus horizontales à mesure qu'elles s'en éloignent. Cependant leur allure générale dénote une inclinaison constante du nord au sud et de l'est à l'ouest, conséquence de l'exhaussement du sol qui a repoussé la Méditerranée dans ses limites actuelles.

Les dépôts marins, saumâtres et lacustres qui constituent le groupe de Saint-Ariès se répartissent entre deux étages :

1. Le Messinien,
2. Le Plaisancien.

Le premier très incomplètement représenté dans la région delphino-provençale.

I. — ÉTAGE MESSINIEN

Marnes et faluns à *Congeria subcarinata*

CARACTÈRES MINÉRALOGIQUES ET PALÉONTOLOGIQUES. — Les couches à *Congeria subcarinata* dont je ne connais encore que quelques lambeaux, présentent à de faibles distances de notables modifications dans leurs caractères minéralogiques. Tantôt ce sont des marnes gris clair compactes, où les fossiles n'ont laissé que des empreintes blanchâtres, tantôt des bancs gréseux à ciment calcaire alternant avec un sable fin, et sur les joints desquels s'enlèvent en relief des moules de Congéries et de Bucardes. Enfin, sur quelques points, c'est un amas de débris de coquilles cimenté par un sable fin marneux, ferrugineux, contenant en petite proportion du phosphate de fer.

A l'exception d'un petit nombre d'espèces, les fossiles, d'une fragilité excessive, sont difficiles à étudier par suite de leur état fragmentaire. Plusieurs Cardium n'ont été cités des environs de Bollène que d'après quelques débris, dont la détermination peut laisser quelque prise au doute.

Je ne mentionnerai ici que les espèces que j'ai étudiées personnellement et qui sont décrites et figurées dans mon mémoire sur les Mollusques pliocènes de la vallée du Rhône et du Roussillon. Ce sont les suivantes :

Melanopsis Matheroni, May., cc.	*Congeria dubia*, May., c.
Neritina micans, G. et F., var., c,	— *latiuscula*, May., c.
Melania Tournoueri, Fuchs., rr.	*Cardium Bollenense*, May., c.
Hydrobia congermana, Font., r.	*Cardium Grasi*, Font., rr.
Congeria subcarinata, Desh., cc.	? — *macrodon*, Desh., r.
— *simplex*, Barbot, cc.	— *semisulcatum*, R. v. r.

Cardium diversum, May., *r.*   *Cardium Partschi*, May., *cc.*

   —   *prœtenue*, May., *ac.*   —   *subtile*, May., *rr.*

M. Mayer a signalé, en outre, dans les environs de Bollène, la présence des *Cardium planicostatum*, Desh., *C. Ver-
neuili*, Desh., *C. sulcatinum*, Desh., *Neritina crenulata*,
Krauss, *Bithynia acuta*, Drap., que je n'ai pas retrouvés
parmi les matériaux dont je dispose.

Extension géographique, épaisseur, orographie. — Les
couches à Congéries forment sur quelques points du littoral de
la mer pliocène, une bande très mince, adossée tantôt aux terrains crétacés, tantôt à la mollasse helvétienne, et le plus
souvent recouverte par les éboulis des collines au pied desquelles elle s'étend. Cette disposition topographique a longtemps
retardé leur découverte et fait naître ensuite quelques divergences sur la position stratigraphique à leur assigner. Leurs
fossiles entraînés par les eaux se trouvent parfois répandus
à la surface du sol, où ils se mêlent aux coquilles des assises
superposées et peuvent ainsi induire en erreur sur leur véritable niveau.

On ne connaît encore cette formation que sur deux points
peu éloignés l'un de l'autre, le bassin de Théziers où elle s'appuie contre la mollasse et disparaît sous les marnes plaisan-
ciennes, et le Haut-Comtat, où les divers gisements connus jusqu'ici occupent un périmètre très restreint limité par Bollène,
Saint-Restitut et Saint-Pierre-de-Cénos.

Mais il est probable que cette localisation n'est qu'apparente,
au moins dans ce qu'elle a d'excessif, et que de patientes
recherches, facilitées aujourd'hui par la connaissance exacte de
leur niveau, permettront de constater la présence de ces intéressants dépôts sur d'autres points du littoral pliocène.

Leur épaisseur maximum, dans les environs de Bollène, ne

doit pas dépasser une dizaine de mètres, y compris certaines couches sableuses, ferrugineuses, plus ou moins grossières, remaniées des terrains préexistants.

GISEMENTS TYPIQUES. — Les environs de Saint-Pierre-de-Cénos, de Saint-Restitut (Drôme), de Bollène (Vaucluse), de Théziers (Gard).

CLASSIFICATION. — Dans le bassin du Danube, en Esclavonie, etc., les couches à Congéries, dont la faune est d'ailleurs très différente de celle qu'on rencontre dans le Comtat, occupent la partie supérieure de cette puissante formation continentale qui succède aux dépôts saumâtres du Tortonien (*Cerithien-Sch.*). En Italie, les gisements étudiés par M. le professeur Capellini, qui y a reconnu la présence de plusieurs espèces de Bollène, dépendent de la formation gypseuse intercalée entre le Tortonien et le Subapennin (*s.s.*) ou Plaisancien. Ces dépôts occupent donc exactement dans le Sud-Est la même place que dans le reste du bassin méditerranéen; la seule particularité qu'ils offrent dans cette région, réside dans leur indépendance relativement aux formations continentales qui terminent la série miocène de Visan et correspondent à la fois peut-être au Tortonien et à la base du Messinien.

II. — ÉTAGE PLAISANCIEN

Les terrains que je rapporte à cet étage sont d'une étude très difficile au point de vue stratigraphique. D'un côté, l'absence de de toute dislocation importante, postérieure à leur dépôt, prive l'observateur de coupes naturelles suffisamment développées; d'un autre, les affouillements qu'ils ont subis n'ont pu pénétrer dans les marnes compactes dont ils se composent en grande partie. Enfin la variabilité des faciès, l'inconstance de certaines couches, la rareté habituelle des fossiles, le manteau d'alluvions qui recouvre le plus souvent ces formations, sont autant d'obstacles à la précision des raccordements entre localités un peu éloignées.

Je crois cependant que ces divers dépôts peuvent se répartir entre trois assises bien distinctes :

1. Sables à *Ostrea Barriensis* et Marne à *Nassa semistriata*.
2. Sables blanchâtres et ferrugineux.
3. Marnes à *Helix Chaixi* et Sables supérieurs.

1. — Sables à *Ostrea Barriensis* et Marne à *Nassa semistriata*

CARACTÈRES MINÉRALOGIQUES ET PALÉONTOLOGIQUES. — La composition de cette assise varie sensiblement, suivant qu'on se trouve en présence de formations de rivage ou de dépôts effectués à une certaine distance du littoral. Ces derniers, au moins dans toute l'épaisseur généralement accessible aux observations (50-60 m. au maximum), se composent d'une marne bleuâtre compacte, d'autant plus pure que les couches sont plus profondes, jaunâtres au sommet où tantôt elle devient sableuse et tantôt alterne avec de petits lits très réguliers de sable fin ferrugineux.

Sur les bords, — où les strates présentent souvent une inclinaison de 45°, — la nature des rivages a exercé sur les caractères des sédiments une influence qui se traduit par des faciès très divers suivant les gisements. Au pied des falaises sableuses du miocène ou gréseuses du Turonien, les premiers dépôts sont toujours sableux ou gréseux et présentent un aspect très semblable à celui des assises aux dépens desquelles ils se sont formés ; mais à ceux-ci succèdent bientôt des alternances fréquentes de marnes et de faluns qui supportent presque partout une puissante zone marneuse. Dans les localités où des escarpements calcaires bordaient la côte, les couches inférieures sont généralement marneuses et ce n'est qu'à une certaine hauteur qu'on rencontre des niveaux sableux plus ou moins épais.

Sur de nombreux points, le littoral pliocène est marqué par un cordon de galets (Hauterives, Eurre, Le Rasteau, etc.). La plupart de ceux qui sont calcaires sont impressionnés et beaucoup sont criblés de perforations dues aux Mollusques lithodomes ; ils proviennent, en grande partie du moins, des divers conglomérats miocènes et en particulier de ceux que renferment les marnes tortoniennes.

Il est assez difficile de subdiviser cet ensemble en zones constantes, présentant partout une succession identique. Ainsi l'*Ostrea Barriensis*, que j'ai cru spécial à un certain niveau, ici caractérise des sables et grès blanchâtres ou jaunâtres, inférieurs aux marnes à *Nassa semistriata*, et ailleurs s'étend au-dessus des premiers dépôts marneux en un véritable banc emballé dans un sable ferrugineux, laissant ainsi les marnes à *Nassa semistriata* recouvrir directement les couches à Congéries.

La faune est naturellement très variable et présente certains groupements intéressants par les données qu'elle fournit sur les conditions biologiques des divers points du littoral ; mais ce serait s'écarter du but de ce résumé, que d'entrer à ce sujet dans de minutieux détails. La liste suivante comprend donc tous les Mollusques des marnes et faluns du groupe de Saint-Ariès (1), que j'ai pu déterminer jusqu'ici.

(1) Les espèces marquées d'un astérisque se retrouvent dans les argiles sableuses du Roussillon.
Jusques et y compris les Vénéracés, les dénominations sont celles adoptées dans

GASTÉROPODES

a. Pectinibranches

* *Murex torularius*, L., var., r.
* — *Neomagensis*, Font., ac.
*. — *Hörnesi*, d'Anc., var., r.
* — *Lassaignei*, Bast., v., c.
— *funiculosus*, Bors., var., rr.
* — *imbricatus*, Br., r.
* — *transversalis*, de S., r.
— *scalaris*, Br., var, ar.
Fusus prærostratus, Font., r.
Pollia fusulus, Br., var., ac.
— *retrospectans*, Font., r.
Euthria magna, Bell., rr.
* — *adunca*. Bronn., r.
* *Triton nodiferum*, Lam., r.
*. — *olearium*, L., var., rr.
* — *Doderleini*, d'Anc., v., r.
— *enneaticum*, Font., rr.
* *Persona tortuosa*, Bors., rr.
— *Grasi*, Bell., rr.
Ranella gigantea, Lam., rr.
* — *marginata*, Mart., ac.
Pleurotoma rotata, Br., rr.
Surcula dimidiata, Br., rr.

Drillia Allionii, Bell., ar.
*. — *incrassata*, Duj., var, ar.
Homotoma reticulata, R., v., rr.
Mangelia clathrata, de S., rr.
— *tubulata*, Font., rr.
Raphitoma brachystoma, Ph., var., rr.
* — *submarginata*, B., rr.
Nassa clathrata, B., ac.
* — *reticulata*, Lam., ac.
* — *limata*, Ch., r.
*. — *eurosta*, Font., ar.
* — *incrassata*, Müll., ac.
*. — *serraticosta*, Br., cc.
* — *costulata*, Br., var., r.
* — *semistriata*, Br., c.
— *crypsigona*, Font., r.
* — *mutabilis*, L., r.
— *Bollenensis*, T., cc.
Fasciolaria fimbriata, Br., rr.
Mitra Venayssina, Font., rr.
* *Mitra bitenuata*, Font., ar.
— *Escoffieræ*, Font., rr.
* — *aperta*, Bell., ac.

mon mémoire sur la faune pliocène du Sud-Est. Pour les Lucinacés et les Pectinacés, la présente liste n'est que la reproduction de celle que j'ai publiée en 1876 (Haut-Comtat).

Dans les listes précédentes j'ai suivi la classification de Woodward, qui est celle adoptée dans mes Études; dans celle-ci, vu son importance et pour faciliter les recherches, j'ai conservé la classification du Dr Chenu, que j'ai suivie dans ma description des Mollusques pliocènes de la vallée du Rhône et du Roussillon. Lorsque j'ai commencé ce travail, ce n'était peut-être pas la meilleure au point de vue systématique, mais c'était certainement la plus complète, la plus *moderne*, au point de vue des subdivisions génériques et subgénériques.

Mitra striatula, Br., ar.

Columbella turgidula, Lam., r.

Strombina tetragonostoma, F., c.

    —   *tiara*, Br., ar.

* *Cassis saburon*, Brug., rr.

Galeodea echinophora, L., r.

* *Ficula geometra*, Bors., var., r.

Cypræa Davidi, Font., rr.

* *Naticamillepunctata*, L., v., ac.

*   —   *Companyoi*, Font., ar.

    —   *eucleista*, Font., ar.

*   —   *helicina*, Br., ac.

*   —   *Josephinia*, Risso, ar.

* *Scalaria tenuicostata*, M., v., rr.

* *Ringicula Grateloupi*, d'O., rr.

* *Turbonilla Cocconii*, Font., r.

? *Chemnitzia nitidissima*, M., rr.

* *Eulima subulata*, Don., rr.

Solarium moniliferum, Br., rr.

    —   *fallaciosum*, Tib., r.

* *Conus ventricosus*, Bronn., rr.

*   —   *Brocchii*, Bronn., rr.

*   —   *striatulus*, Br., c.

* *Chenopus pes-pelecani*, L., c.

*   —   *Uttingerianus*, Ris., c.

Cancellaria hirta, Br., rr.

* *Cerithium vulgatum*, Brug., cc.

* *Cerithiolum scabrum*, Ol., v., cc.

Cerithiopsis tubercularis, M. rr.

Triforis perversa, L., rr.

Littorina Ariesiensis, Font., ac.

Lacuna Basteroti, Bronn., r.

Fossarus costatus, Br., r.

Rissoina Bruguieri, Payr., ar.

*   —   *decussata*, Mont., r.

* *Alvania Venus*, d'Orb., ar.

* *Turritella Rhodanica*, Font., cc.

    —   *protoïdes*, May., rr.

    —   *subangulata*, Br., cc.

*   —   *aspera*, Sism., ac.

*   —   *communis*, Ris., v., c.

* *Vermetus arenarius*, L., c.

*   —   *intortus*, Lam., ac.

    —   *pustulatus*, Font., ac.

    —   *multiforis*, Font., r,

Calyptræa Chinensis, L., var., r.

b. Scutibranches.

* *Turbo tuberculatus*, de S. ac.

    —   *affinis*, Cocc., rr.

Clanculus corallinus, Gm., c.

* *Zizyphinus strigosus*, Gm., rr.

* *Fissurella Italica*, Defr., ar.

Emarginula cancellata, Ph., rr.

* *Dentalium sexangulum*, L. rr

*   —   *Delphinense*, Font. cc.

    —   *Michelottii*, Hörn., ar.

    —   *incurvum*, Ren., ac.

Patella cf. cærulea, Lam., rr.

c. Tectibranches.

Actæon tornatilis, L., var, rr.

Cylichna Brocchii, Michel., rr.

Cylichna convoluta, Br., rr.

* *Tornatina hemipleura.*, Font.,

d. Inoperculés.

Plecotrema (?) *Loryi*, Font., *r.*   *Ophicardelus* (?) *Serresi*, T., *c.*

—   *Heberti*, Font., *rr.*   —   *Brocchii*, Bon., *v.*, *ar.*

Auricula Bollenensis, Font., *ac.*   *Melampus* (?) *myotis*, Br., *var.*, *r.*

ACÉPHALÉS

a. Pholadacés.

Pholãdidæa Heberti, Font., *ac.*   * *Panopæa glycimeris*, B., *v*, *r.*

Jouannetia semicaudata, Desm.,   —   *Norwegica*, Sp., *v.*, *rr.*

    var., *ac.*   * *Corbula gibba*, Ol., *cc.*

Gastrochæna dubia, Penn., *ac.*   *   —   *revoluta*, Br., *ar.*

—   *intermedia*, H., *v.*, *ac.*   —   *Cocconii*, Font., *rr.*

* *Solen vagina*, L., *ar.*   *Sphenia Tournoueri*, Font., *r.*

Saxicava arctica, L., *c.*

b. Vénéracés.

* *Lutraria elliptica*, Roissy, *r.*   * *Venus ovata*, Penn., *c.*

? *Psammobia Labordei*, Bast., *rr.*   * *Cytherea Chione*, L., *c.*

* *Tellina serrata*, Ren., *rr.*   *   —   *rudis*, Poli, *r.*

* —   *donacina*, L., *rr.*   * *Circe minima*, Mont., *ac.*

* *Arcopagia crassa*, Penn., *ar.*   * *Artemis exoleta*, L., *ar.*

* *Gastrana fragilis*, L., var, *ar.*   —   *lupinus*, Poli., *rr.*

Scrobicularia plana, C., *v.*, *ac.*   *Tapes Rastellensis*, Font., *rr.*

* *Syndosmya alba*, Wood., *rr.*   *Cypricardia coralliophaga*, L.,

—   *Rhodanica*, Font., *cc.*   *var.*, *r.*

Donax Ayguesii, Font., *rr.*   * *Cardium hians*, Br., *r.*

* *Venus islandicoides*, Lam., *cc.*   *   —   *aculeatum*, L., *ar.*

* —   *multilamella*, Lam., *ar.*   *   —   *papillosum*, Poli., *ac.*

* —   *plicata*, Gm., *rr.*   *   *multicostatum*, Br., *rr.*

* —   *Bronni*, May., var, *ac.*   * *Lævicardium cyprium*, Br., *r.*

* —   *rhysalea*, Font., *c.*   —   *oblongum*, Ch.

* —   *verrucosa*, L., *ac.*   var. *Comitatensis*, F., *r.*

—   *excentrica*, Ag., var., *ac.*   * *Chama gryphoides*, L., *cc.*

c. Lucinacés.

Lucina lactea, L., ac.
— Sismondæ, Desh., r.
— leonina, Bast., r.
— spinifera, Mont., r.
? Erycina ambigua, Nyst., r.
? Lepton corbuloides, Ph., r.
Cardita Zaidæ, May., rr.

Cardita Matheroni, May., cc.
— rhomboidea, Br., r.
— elongata, Lam., c.
Mytilus sp..?, r.
Avicula phalænacea, Lam., r.
Pinna Brocchii, d'Orb., r.

d. Pectinacés.

Arca diluvii, Lam., cc.
— barbata, L., c.
— polymorpha, May., ac.
— pectinata, Br., r.
— Noæ, L., ac.
— imbricata, Brug., r.
— tetragona, Poli., r.
— lactea, L., ac.
— dichotoma, Hörn., rr,
— clathrata, Defr., c.
— variabilis, May., c.
Pectunclus glycimeris, L., cc.
— inflatus, Br., c.
— violascens, Lam., c.
— Deshayesi, May., c.
— Gallicus, May., r.
? Leda pellucida, Ph., rr.
Pecten Stazzanensis, May., ac.

Pecten scabrellus, Lam., cc.
— Bollenensis, May., cc.
— Comitatus, Font., cc.
— cristatus, Bronn., ac.
— benedictus, Lam., ac.
— latissimus L., c.
— pes-felis, L., c.
— pusio, L., cc.
Hinnites crispus, Br., c.
Lima sp. ?, r.
Spondylus concentricus, Br., c.
Plicatula mytilina, Ph., r.
Anomia ephippium, L., c.
Ostrea cucullata, Bonn., c.
— cochlear, Pol., var., c.
— digitalina, Dub., c.
— Rastellensis, Font., cc.
— Barriensis, Font., cc. (1).

J'ai recueilli, en outre, quelques dents de Squales, des

(1) La liste la plus complète et la plus exacte qui ait été publiée jusqu'ici de la faune de cet horizon, est celle de M. Mayer (1871) qui comprend 69 espèces.

Celle-ci en compte 207 (113 Gastéropodes et 94 Lamellibranches) dont 35 seulement m'ont paru nouvelles, mais le nombre des variétés bien caractérisées est relativement assez important.

pinces de Cancériens, des Cirrhipèdes (*Balanus, Pollicipes cornucopia,* var.) des Bryozoaires, un petit nombre d'Échino-dermes et quelques Polypiers.

Une très grande partie des espèces dont se compose cette liste sont jusqu'ici spéciales à un petit nombre de gisements, soit par suite de localisations dues à des causes diverses, soit que, dans la plupart des localités, on ne puisse faire des re- cherches que sur une faible épaisseur. Quelques-unes d'entre-elles seulement caractérisent nettement cet horizon par leur constance dans toute la région delphino-provençale, ce sont les suivantes, particulièrement communes sur les bords des cuvettes pliocènes :

Nassa semistriata, N. serraticosta, Turritella subangu-lata, T. Rhodanica, Dentalium Delphinense, Ostrea Bar-riensis, O. Rastellensis, O. cochlear, var., *Pecten Comitatus, P. scabrellus, Arca diluvii, A. barbata, Chama gryphoïdes, Venus islandicoides, V. verrucosa, V. multilamella, V. rhysalea, Corbula gibba,* etc.

A une certaine distance du littoral, le *Corbula gibba* est souvent le seul fossile qu'on soit à peu près certain de rencon-trer à ce niveau.

Près des bords, l'assise est presque toujours couronnée par un banc d'huîtres dont l'espèce dominante varie (*O. Rastel-lensis, O. navicularis,* etc.), et qui marque le passage du ré-gime côtier qui s'éteint au régime saumâtre qui va lui succéder.

Extension géographique, épaisseur, orographie. — Le tracé du littoral de la mer pliocène dans le bassin du Rhône est une tâche à laquelle je me suis voué tout particulièrement depuis plusieurs années, mais qui demande encore de longues recherches pour être terminée. Les alluvions, souvent fort épaisses, qui recouvrent le groupe de Saint-Ariès, font naître en effet, sur beaucoup de points, des hésitations que des puits, des tranchées, permettent seuls de surmonter avec succès. Cependant dès aujourd'hui je puis en donner un premier essai, au moins pour la région qui nous occupe, comptant sur les travaux que M. Jacquot, Directeur du Service de la carte géologique de France, a bien voulu me confier, pour en poursuivre la rectification et l'achèvement.

Quelques noms de localités suffiront d'ailleurs à faire connaître sommairement les limites des dépôts pliocènes dans la région delphino-provençale. Les nombreux gisements qui s'échelonnent sur la rive droite du Rhône, montrent que, lors de sa dernière invasion dans le Sud-Est, la mer baignait la base des montagnes du midi du département du Rhône, de celles de la Loire, de l'Ardèche, du Gard, etc., entrant dans les fiords nombreux de ce littoral parfois très découpé.

Sur la rive gauche, les affleurement les plus septentrionaux que j'ai eu l'occasion de signaler, ne dépassent pas le Péage-de-Roussillon. A partir de cette station, le rivage s'incline un peu à l'est dans la vallée de Beaurepaire, traverse les plateaux du Viennois septentrional à la longitude de Hauterives, de Saint-Donat, et entre, un peu à l'est de Romans, dans la plaine de Valence où il se dirige sur Montelier et Chabeuil.

De Chabeuil, le littoral pliocène revient sur Valence pour contourner le massif helvétien d'Étoile, d'Upie, au delà duquel il s'enfonce jusqu'aux environs de Crest dans la vallée de la Drôme. Sur la rive gauche de cette rivière, les formations subapennines reparaissent à Loriol, buttent contre le néocomien de Cliousclat, de Mirmande et s'étendent dans la plaine de Montélimar, sur les deux rives du Roubion. De là on peut les suivre à travers Donzère, les Granges-Gontardes, la Garde-Adhémar, Saint-Paul-Trois-Châteaux, jusqu'aux gisements typiques des environs de Bollène et de Saint-Restitut.

Une ligne passant par Suze, Bouchet, Visan, Vinsobres, Nyons, marque à peu près, dans le bassin de Visan, le rivage septentrional de la mer pliocène, qui vient raviner au sud l'Helvétien de Vaison, de Gigondas, de Vacqueyras, et former des dépôts importants en face d'Avignon, à Saint-Saturnin, Jonquerettes, etc. Elle pénètre enfin dans la vallée de la Durance, au moins jusqu'à la longitude de Cadenet, où s'arrêtent pour le moment mes explorations sur la rive droite du Rhône.

Il est difficile de fixer même approximativement l'épaisseur maximum que cette assise atteint loin des rivages. Je crois, d'après certaines données, qu'elle peut mesurer 150-200 mètres ; en tous cas elle s'amincit très rapidement sur les bords, où l'inclinaison des strates est souvent très prononcée.

Dans certains massifs, comme ceux du Viennois, les marnes et faluns à *Nassa semistriata* constituent en partie des collines, sur les flancs desquelles ils affleurent à 100-125 mètres au-dessus du niveau des plaines environnantes. Le long du Rhône cette assise dessine un gradin souvent très prolongé, comme celui qui s'étend entre Donzère et Saint-Paul-Trois-Châteaux. Enfin on la retrouve, sous les alluvions quaternaires, dans presque toutes les vallées tributaires du Rhône, où ses couches compactes se sont opposées à de plus profonds ravinements.

GISEMENTS TYPIQUES, MATÉRIAUX UTILES. — Les affleurements côtiers étant les plus fossilifères et les plus faciles à étudier par suite de l'inclinaison des strates, les gisements les plus typiques, au moins pour ce faciès, se trouvent pour la plupart dans les localités que je viens de citer. Pour éviter une répétition inutile, je me bornerai donc à mentionner ici quelques-unes des stations les plus intéressantes de chaque région.

Dans le Viennois septentrional, Horpieux ; — dans le Viennois méridional, Hauterives, Fay-d'Albon, Creure, Marsas, Chanos ; — dans le Valentinois, Chabeuil, Eurre, Cliousclat, Saint-Marcel, Montboucher ; — dans le Comtat, Bollène, Saint-Restitut, Nyons, le Rasteau, Courthézon ; — dans la Basse-Provence, Saint-Saturnin, Saint-Christophe près de Cadenet, etc.

Un grand nombre de tuileries et de poteries, dont quelques-unes fort anciennes et très renommées (Saint-Vallier, Cliousclat, etc.), emploient les marnes argileuses de cette assise, — les marnes pures qu'on rencontre toujours à quelques mètres de profondeur et les marnes sableuses du sommet étant mélangées dans des proportions qui varient suivant les usages.

On trouve à divers niveaux, dans la partie supérieure, de petites couches très localisées de lignite qui, vu leur faible épaisseur, ne sauraient être l'objet d'aucune exploitation.

CLASSIFICATION. — Leur position stratigraphique entre les couches à *Congeria subcarinata* et les sables ferrugineux de Montpellier, place indiscutablement les marnes et faluns de Saint-Ariès dans le pliocène inférieur, sur l'horizon des argiles sableuses du Roussillon (Plaisancien *sec*. Renevier).

Ce classement déduit de considérations purement stratigraphiques, est confirmé par la faune dont j'ai donné plus haut la liste. Cependant on ne saurait méconnaître que l'ensemble de ses caractères tendent à faire considérer cette assise comme un peu plus ancienne, non-seulement que l'Astien typique (Astien *in* Renevier), mais même que les marnes subapennines du Plaisantin, du Modenais, de la Toscane, etc., — quoiqu'au point de vue systématique, elle les représente certainement dans le bassin du Rhône. Les marnes à *Nassa semistriata* du Sud-Est correspondraient donc, à mon avis, à une phase organique intermédiaire entre le Tortonien de Tortone, de Baden et les marnes bleues de l'Italie.

2. — Sables gris et jaunes et Marne à *Potamides Basteroti*

CARACTÈRES MINÉRALOGIQUES ET PALÉONTOLOGIQUES. — Cette assise, composée presque exclusivement de dépôts sau-mâtres, est encore plus polymorphe que la précédente; aussi ses limites, surtout à la base, sont-elles assez difficiles à dé-finir. En somme, je lui rapporte tous les dépôts compris entre les marnes et faluns caractérisés par le *Nassa semistriata*, le *Cerithium vulgatum*, l'*Ostrea Barriensis*, l'*Ostrea Rastellen-sis*, etc., et les formations continentales qui terminent le groupe de Saint-Ariès.

Dans le Bas-Dauphiné, on ne trouve à ce niveau que des sables tantôt gris très clair, presque blancs, zonés et zébrés de jaune vif, tantôt jaunâtres, semés de nombreuses concrétions ferrugineuses, grossiers et même cailllouteux. Dans le Comtat, cette assise est plus généralement marneuse; les couches sableuses, d'un grain très fin, qu'elle renferme sont peu épaisses et très régulièrement stratifiées, ce qui les distingue à pre-mière vue des dépôts miocènes, dont les strates affectent le plus souvent la disposition dite torrentielle ou croisée.

La faune est essentiellement saumâtre, mais les fossiles paraissent cantonnés dans les couches inférieures. Dans le Viennois et le Valentinois les Mollusques sont au moins très rares, si même ils ne manquent absolument; mais les em-preintes végétales y sont par contre très abondantes. Il est possible d'ailleurs que, dans ces régions, le caractère saumâ-tre soit moins accentué que dans le Comtat et le Languedoc, et qu'il soit difficile d'y séparer cette assise transitoire soit des couches marines sous-jacentes, soit des formations continentales qui les recouvrent.

Laissant donc de côté les fossiles d'estuaires ou d'étangs qu'on peut rencontrer dans le Bas-Dauphiné, et qui ne sont d'ailleurs que des retardataires de la faune marine de Saint-Ariès (Nasses, Tellines, Bucardes, etc.), je n'inscrirai dans la liste suivante, que les espèces rencontrées, dans le Comtat, au-dessus du banc d'*Ostrea Rastellensis* superposé aux marnes et faluns à *Nassa semistriata*.

Potamides Basteroti, de S., cc.	*Congeria sub-Basteroti*, T., v., cc.
Escoffieria Fischeri, Font., rr.	*Cardium edule*, L.
Hydrobia Escoffieræ, Tourn., cc.	var. *Roudairei*, Font., c.
Melanopsis Neumayri, Tourn., c.	

Les Auricules des marnes sous-jacentes. (*A. Serresi*, etc.) se retrouvent parfois à ce niveau et montent même à Montpellier jusque dans les marnes d'eau douce de Celleneuve.

EXTENSION GÉOGRAPHIQUE, ÉPAISSEUR. — Cette assise étant intimement liée à la précédente, son extension géographique n'a dû présenter qu'un léger retrait sur celle des formations marines qu'elle recouvre. Mais plus directement exposée aux dénudations qui ont suivi de près sa formation et d'une nature généralement moins résistante, elle n'a pu se maintenir dans la région delphino-provençale, que sur quelques points isolés de l'aire qu'elle occupait.

Son épaisseur m'a paru très variable, peut-être à cause de l'incertitude de ses limites inférieures. Dans le Viennois et le Valentinois les sables gris et jaunes atteignent une cinquantaine de mètres. Dans le Comtat et la Provence, les dépôts qui leur correspondent sont moins développés.

GISEMENTS TYPIQUES. — Dans le Bas-Dauphiné, Fay-d'Albon, les Drilles près de Chabeuil ; — dans le Comtat, les
Bordeaux près de Visan, le Rasteau.

CLASSIFICATION. — La présence du *Potamides Basteroti*,
de l'*Auricula Serresi*, permet de reconnaître avec certitude
dans cette assise l'équivalent des dépôts saumâtres de Vacquières près de Théziers, de la Gaillarde près de Montpellier,
où ils sont liés, par le passage de l'*Auricula Serresi*, avec les
marnes à *Carychium pachycihlus* de Celleneuve. A Montpellier le *Potamides Basteroti* apparaît dans les sables ossifè-
res, à peu près au niveau de l'*Ostrea undata* (de S.). Or cet
horizon, bien connu par sa belle faune malacologique, appartient, pour tous les auteurs, à la base de l'Astien *in* Mayer
(Plaisancien *sec.* Renevier).

3. — Marne à *Helix Chaixi* et Sables supérieurs

CARACTÈRES MINÉRALOGIQUES ET PALÉONTOLOGIQUES. — Au
dessus des sables gris et jaunes s'étendent, dans le Bas-
Dauphiné, des marnes d'origine lacuste rapportées jusqu'ici au
groupe de Visan et assimilées aux marnes à lignite de l'horizon
de Tersanne. Dans le Viennois et le Valentinois, ces marnes
bleuâtres ou blanchâtres renferment à la base 2-3 couches de
lignite ou de tourbe ; elles deviennent très sableuses au sommet
et prennent une teinte jaunâtre.

Les caractères paléontologiques de cet horizon n'ont encore
été étudiés dans le Sud-Est que dans deux stations, dont une
seule rentre dans le cadre de ce travail ; mais cette station
est Hauterives, aussi connu par la richesse de sa faune que par
les divergences d'opinion qui se sont manifestées à l'égard de
la succession des assises qui affleurent dans ses environs.

Voici la liste des Mollusques telle qu'elle a été publiée par M. Locard, d'après les travaux de MM. Michaud, Sandberger et ses propres études. Les espèces qui se trouvent aux Drilles près de Chabeuil (1) sont précédées d'un astérisque.

Paludina ventricosa, Sandb., r.
Bithynia tentaculata, L. cc. (2).
Valvata piscinaloides, Mich., cc,
— *marginata*, Mich., ac.
Helix Chaixi, Mich., ar.
— *Nayliesi*, Mich., ar.
— *Tersannensis*, Loc.
? — *lapicida*, L., rr.
— *Amberti*, Mich., ar.
— *Godarti*, Mich., ar.
— *Jourdani*, Mich., rr.
— *Bernardi*, Mich., rr.
* *Zonites Colonjoni*, Mich., ac.
— *cristallinus*, Müll., r.
— *Falsani*, Loc., r.
— *Chrantrei*, Loc., r.
Patula ruderoides, Mich., r.
— *Victoris*, Mich., r.
— *Antonini*, Mich., r.
* *Strobilus labyrinthiculus*, M., r.
— *Duvali*, Müll., r.
Succinea Michaudi, Loc., r.
Bulimus? Seringei, Mich., r.
Cionella lævissima, Mich., r.
— *brevis*, Mich., r.
Azeca Loryi, Mich., r.
— *Baudoni*, Mich., r.
Glandina Paladilhei, Mich., rr.

Vertigo Baudoni, Mich., r.
* — *Dupuyi*, Mich., c.
* — *myrmido*, Mich., c.
— *Nouleti*, Mich., r.
— *Crossei*, Mich., r.
Clausilia Loryi, Mich., r.
— *Terveri*, Mich., ac.
— *Baudoni*, Mich., r.
— *Michelottii*, Mich., r.
— *Fischeri*, Mich., r.
— *antiqua*, Sch., r.
Limax sp. ind., rr.
Testacella Deshayesi, Mich., ar.
Limnæa Bouilleti, Mich., cc.
Ancylus Michaudi, Loc., r.
* *Planorbis Thiollierei*, Mich., cc.
— *affinis*, Mich., c.
* — *complanatus*, Müll., c.
— *filocinctus*, Sandb., ac.
— *Mariæ*, Mich., ar.
— *geniculatus*, Sandb., c.
* *Carychiun pachychilus*, S., cc.
Tudora Baudoni, Mich., r.
Craspedopoma conoidale, M., ar.
Acme Michaudi, Loc., r.
— *conica*, Mich., r.
Unio sp. ind., c.
Sphærium Normandi, Mich., ar.

(1) V. Fontannes. *Note sur les couches à Congéries de Bollène et les marnes à lignite de Hauterives*, août 1881.
(2) Var. *Allobrogica*, Font. (Bassin de Crest, p. 180).

L'*Helix Chaixi*, abondant à Hauterives, n'a pas été rencontré dans le midi de la France ; la dénomination que j'adopte
ici pour cette assise ne serait donc nullement justifiée, si on
voulait l'appliquer aux marnes de Celleneuve qui, par leur
faune et leur position stratigraphique, se placent sur l'horizon
de Hauterives ; mais c'est là, je crois, une difficulté inhérente à
la dénomination de toutes les formations continentales qui
embrassent un vaste périmètre. On pourrait d'ailleurs la rem-
placer, dans une classification générale des terrains tertiaires
du bassin du Rhône, par celle de Marnes à *Carychium
pachychilus*. Cette espèce bien caractérisée, facile à reconnaître, est très abondante à Hauterives, ainsi qu'aux
Drilles et à Celleneuve ; elle n'a contre elle que son exiguïté
qui ne permet pas d'en reconnaître facilement la présence sur
le terrain.

EXTENSION GÉOGRAPHIQUE, ÉPAISSEUR. — Je ne puis encore
rapporter à cette assise que les marnes à lignite et sables
superposés qui couronnent les collines de la rive droite de la
Galaure, depuis Hauterives jusqu'au-delà de Fay-d'Albon, et
celles qui s'étendent entre Chabeuil et Montvendre, au-dessus
et à l'ouest des Breytons. Mais il est probable qu'un certain
nombre de dépôts attribués jusqu'ici aux marnes tortoniennes,
particulièrement dans le Viennois, pourront être rattachés au
niveau de Hauterives.

Je crois en outre que les marnes sableuses à empreintes
végétales qui, dans le Valentinois (Allex, etc.) succèdent aux
marnes marines ou saumâtres à *Nassa semistriata*, à *Clupea,
Clupeops*, etc., ne représentent qu'un faciès différent de cette
même assise. L'absence de documents paléontologiques irré-
futables ne me permet pas d'être absolument affirmatif à cet
égard ; mais il est fort probable que la flore d'Allex se rat-

tache à celle de Vacquières, assimilée par M. de Saporta à la flore de Meximieux, avec laquelle se retrouvent les *Helix Chaixi, Colonjoni*, le *Clausilia Terveri*, etc.

A en juger par les listes de fossiles publiées par M. Falsan, d'après les déterminations de M. Tournouër, cette assise serait largement représentée dans la Bresse (tufs de Meximieux, etc.), mais ses rapports stratigraphiques avec les formations qu'elle recouvre dans cette contrée ne me paraissent pas encore fixés d'une manière irréfutable.

L'épaisseur des marnes à *H. Chaixi* et Carychies, en y comprenant les marnes sableuses et les sables superposés, dans lesquels je n'ai pas observé le moindre fossile, atteint au moins 40-50 mètres dans la vallée de la Galaure ; elle est un peu moindre dans les environs de Chabeuil.

GISEMENTS TYPIQUES, MATÉRIAUX UTILES. — Dans le Viennois, Hauterives, Fay-d'Albon ; — dans le Valentinois, les Drilles près de Chabeuil, Allex ?

A Hauterives, le lignite qui acquiert une épaisseur exceptionnelle (un mètre environ), a été l'objet d'une importante exploitation ; les marnes bleues y sont utilisées pour la fabrication des tuiles.

CLASSIFICATION. — L'assimilation des faunes de Hauterives de Fay-d'Albon, des Drilles avec celle de Celleneuve, la richesse mammalogique des sables ferrugineux de Montpellier sur lesquels repose cette assise dans l'Hérault, permet de la classer avec une certitude qui, vu sa position au sommet du groupe de Saint-Ariès, ressortirait difficilement d'observations directes. Les marnes continentales de ces diverses stations appartiennent donc sans conteste à l'Astien II de M. Mayer ou au pliocène moyen de M. Sandberger, qui a spécialement étudié les faunes de Celleneuve et de Hauterives. Si j'ai cependant préféré le terme de Plaisancien, repris par M. Renevier dans ses tableaux, à celui d'Astien adopté par M. Mayer, c'est en raison de la signification restreinte donnée à cette dernière dénomination par la plupart des auteurs, qui ne comprennent sous le nom d'Astien que l'Astien III ou pliocène supérieur (sables jaunes d'Asti, etc.).

Quant aux dépôts à *Mastodon Arvernensis*, qui sont sans aucun doute d'un âge plus récent que les marnes à *Helix Chaixi*, je ne saurais encore établir exactement leurs rapports stratigraphiques avec les assises sous-jacentes. Je tiens essentiellement à ne déduire que d'observations personnelles les conclusions que j'expose ici, et jamais, je l'avoue, je n'ai eu la bonne fortune d'observer en place le moindre débris de ce mammifère, ni de recueillir sur ses gisements, dans la région delphino-provençale, des indications assez précises pour pouvoir classer en toute certitude les dépôts au milieu desquels il a été rencontré (1).

En résumé, on voit que le groupe de Saint-Ariès et celui de Visan présentent, dans leurs assises supérieures, deux séries identiques au point de vue du mode de formation, et dont voici les principaux facteurs :

Groupe de Visan :

Formation continentale. . Sables et marnes à *Helix Delphinensis*.
— saumâtre. . . Sables à *Nassa Michaudi* et Auricules.
— marine. . { Marne à *Ostrea crassissima*.
{ Marne et sables à *Anc. glandiformis*.

(1) Pour compléter la description de toutes les formations qui se rattachent au terrain pliocène, il me resterait à traiter des alluvions superficielles qui couvrent certains plateaux du Dauphiné et de la Provence; mais l'étude de ces dépôts se reliant plus directement à celle des alluvions quaternaires, je me réserve de décrire toutes les formations alluviennes dans un prochain travail sur les terrains quaternaires de la région delphino-provençale.

Groupe de Saint-Ariès :

Formation continentale. Marne à *Helix Chaixi* et Sables supérieurs.

— saumâtre. . Marne à *Pot. Basteroti* et Auricules.

— marine. . { Marne à *Ostrea Rastellensis.*
{ Marne et faluns à *Nassa semistriata.*

Cette double série met en évidence la place qu'occupent le plus souvent les bancs d'huîtres dans la succession des modifications fauniques dues aux mouvements du sol. A la fin de la période aquitanienne, affaissement général du Sud-Est et invasion de la mer miocène qui vient recouvrir transgressivement de ses sédiments le calcaire à *Helix Ramondi*. Après le dépôt de la mollasse calcaire à grands Pecten, premier exhaussement annoncé par un premier banc d'*Ostrea crassissima*, bientôt suivi en effet du grès à Cardites de Grane qui renferme de nombreuses espèces côtières, ou même sur certains points méridionaux d'une formation continentale accidentelle. Puis nouvel abaissement du sol correspondant au dépôt des sables et grès à Térébratulines, auquel succède une nouvelle période d'exhaussement, et un second banc d'*Ostrea crassissima* vient s'intercaler entre la faune littorale à *Anc. glandiformis* et les marnes et sables d'eau douce qui terminent la série de Visan.

Après la période continentale caractérisée dans le Sud-Est par l'abondance de l'*Hipparion gracile*, par les *Helix Delphinensis* et *Christoli*, par les *Unio* de Montvendre, la mer envahit de nouveau la vallée du Rhône, sans toutefois reconquérir ses anciennes limites, mais elle ne tarde pas à être repoussée définitivement et son retrait, qui va permettre l'établissement des faunes saumâtres à *Potamides Basteroti* et continentales à *Helix Chaixi*, est encore précédé par un large développement numérique de quelques espèces d'huîtres, *O. cochlear*, var.; *O. Rastellensis*, *O. undata* (de S.). Le même prénomène se reproduit d'ailleurs encore dans les mers actuelles, où nous voyons certains bancs d'huîtres prendre une grande extension dans des eaux d'embouchures.

On trouvera peut-être que le terrain pliocène occupe une place relativement trop grande dans ce résumé de mes Études. Mais d'un côté j'ai cru devoir profiter de l'occasion qui m'était offerte de faire connaître un certain nombre de données nouvelles recueillies dans de récentes explorations ; de l'autre, on voudra bien ne pas oublier que les diverses assises qui composent ce terrain étaient presque complètement inconnues ou méconnues dans la région delphino-provençale, lorsque je commençai la série de mes publications sur les terrains tertiaires du bassin du Rhône, et reconnaître qu'il était de mon devoir de m'attacher d'autant plus à leur étude, que celle-ci présentait plus de difficultés à vaincre, plus de problèmes à résoudre.

FIN

TABLE DES MATIÈRES

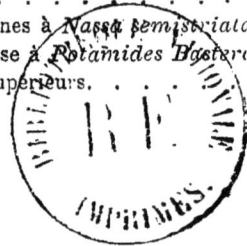

FIN DE LA TABLE

LYON. — IMPRIMERIE PITRAT AINÉ, RUE GENTIL, 4

CLASSIFICATION

DES

TERRAINS TERTIAIRES DU BAS DAUPHINÉ ET DU COMTAT

PAR

F. FONTANNES

...NS	ÉTAGES	ASSISES	ÉPAISSEURS APPROXIMATIVES (MÈTRES) DE 10 POUR	ZONES	ÉPAISSEURS DES FORMATIONS A MARINES B SAUMÂTRES C CONTINENTALES
	PLAISANCIEN	3. Sables supérieurs; Marne et Conglomérat à *Helix Christoli* et Carychies. Hostérieux (Combe Clapey). Chabueil (Les Bruites)		*b.* Graviers et Sable du jaunatre, plus ou moins rouleaux.	C
				a. Marne à lignite de Hostérieux, des Bruites (*Caryebium pachystoli*).	
		2. Sables ferrugineux et Marne subleuse à *Potamides Basteroti.* Puy d'Alpe, Chabeuil (Les Bruites), Le Bastion.		*b.* Sables blanchâtres et jaune vif, Sables jaunes à concrétions ferrugineuses.	
				a. Marne subleuse à *Potamides Basteroti (Hydrobia Escoffieræ, Melanopsis Neumayri, Congeria sus-Basteroti).*	
		1. Marne à *Nassa semistriata* et Sables à *Ostrea Burdivans.* Puy d'Albas, Saint-Bastien, Mont-Arias		*d.* Marne sableuse à *Ostrea Haslolensis.*	A
				c. Marne à *Nassa semistriata* (*Auricula Serresi*).	
				b. Marnes et Falues à *Nassa semistriata* (*Cerithium vulgatum, Turritella subangulata, Pecten Constinus*).	
				a. Alternances de Marne à *Nassa semistriata* et de Sables à *Ostrea Burdivans* (Galets de dragée).	
	MESSINIEN	Marne et Falue à *Congeria subcarinata.* Saint-Bastien, Saint-Arias.		Marne, Grès et Falue à *Congeria subcarinata (Melanopsis Matheroni, Cardium Bollenense)*.	B
		DISCORDANCE			
	TORTONIEN	Sables et Marne à lignite et fossiles terrestres *(Helix Delphinensis–Helix Christoli).* Tersanne, Chabruil, Visan, Coraton.		*c.* brèches, Conglomérats.	C
				b. Limons rougeâtres à *Hipparion gracile.*	
				a. Sables à *Helix Delphinensis* et Marne à *Duis Cabanicoli.* (Calcaire à *Helix Christoli* et Marne à *Melanopsis Narzolina* de la Provence).	
	HELVÉTIEN	4. Sables et Marne à *Ancillaria glandiformis.* Tersanne, Visan, Cabrières d'Aigues.		Sables à *Nassa Michaudi*; Marne et Calcaire tableux à *Cardita Jouanneti*; Marne à *Ostrea crassissima* (2e niveau).	B
				(Grès sableux : Grès à *Patella Delphinensis*).	
		3. Sables et Grès à *Pecten Genconi.* Saint-Paul, Tersanne, Visan, Caseran.		*c.* Sables et Grès à *Terebratulina calcifolicus.*	A
				b. Grès ferrugineux à Cardites *(Cardita cf. Michaudi).* *a.* Sable ferrugineux à *Amphiope perspiniata.*	
		2. Grès et Sables marneux à *Ostrea crassissima* (1er niveau). Grignan, Drome, Chamaret.		Grès et Sables marneux à *Pecten Camaretensis (Tapes hellemacensis)*.	
				c. Molasse calcaire à *Pecten sub-Holgeri (Pecten selarium.* var.).	
		1. Molasse à *Pecten præmaturiusculus.* Aurignan, Saint-Paul-Trois-Châteaux		*b.* Molasse marneuse à *Pecten subbenedictus (Echinolampa hemisphæricus, E. acutiformis).*	
				a. Molasse sableuse à *Pecten Dawidi (Pecten rotundatus, var. Dromica; Galets de silex à surface verdâtre).*	
	LANGHIEN?	Marne grise Aulanchamp		Marne tableuse : *Ostrea Gruneensis* en sommet.	
		TRANSGRESSION			
	AQUITANIEN	Calcaire et Marne à *Helix Ramondi* et *Potamides Gruneensis.* Crest, Bourg-lès-Valence, Beauvoisin, La Garde-Adhémar.		Marne tourbeuse à *Melanopsis Herrimeti*; Marne et Calcaire à *Helix Ramondi*; Calcaire siliceux à *Potamides Gruneensis.*	B
	TONGRIEN	3. Marne subleuse et Calcaire à *Melania Crestensis.* Bourg-lès-Valence, Crest, Dieulefit.		*b.* Calcaire à *Melania Crestensis.*	
				a. Sables marneux bigarrés; Marne sableuse foncée, unieîre.	
		2. Sable marneux et Grès à empreintes végétales. Dieulefit		Alternances de Marne sableuse foncée et de Grès schistoïde bigarré.	
		1. Calcaire à Cyrènes et Marne sableuse à Conglomérats. Crest, Dieulefit.		*b.* Calcaire à *Cyrena cf. semistriata (Helix : Potamides).* *a.* Marne sablonne verte et rouge à Conglomérats.	
		DISCORDANCE			
	BARTONIEN?	Sables et Argiles bigarrés. Saint-Paul-Trois-Châteaux, Dauphin, Coraton.		Sables argileux rouges, blancs, jaunes, violets; concrétions siliceuses; Argile plastique.	C

MÊMES LIBRAIRIES

LYON. — IMPRIMERIE PITRAT AINÉ, RUE GENTIL, **4.**

www.ingramcontent.com/pod-product-compliance
Lightning Source LLC
Chambersburg PA
CBHW050607210326
41521CB00008B/1156